Stackelberg模型在非合作博弈控制问题中的应用研究

李小倩 著

清华大学出版社
北 京

内 容 简 介

非合作博弈在最优控制中具有深刻的理论意义和广泛的应用背景,是一个值得深入研究的课题。本书在归纳分析国内外关于非合作博弈在控制系统中的算法的基础上,利用极值原理、Stackelberg 博弈方法和正则 Riccati 方法等工具,研究混合 H_2/H_∞ 问题在具有时滞、乘性噪声以及性能指标中控制加权矩阵半正定情况下的求解问题。本书主要内容包括:①问题提出——最优控制和非合作博弈的研究背景,回顾已有结果,指出亟待解决的问题;②研究混合 H_2/H_∞ 的 Stackelberg 博弈开环控制问题;③研究具有输入时滞的混合 H_2/H_∞ 的 Stackelberg 博弈开环控制问题;④探讨具有乘性噪声的随机离散时间系统混合 H_2/H_∞ 控制问题;⑤讨论性能指标中具有半正定控制加权矩阵的离散时间线性系统混合 H_2/H_∞ 控制问题。

本书可以作为控制科学与工程、人工智能、优化理论等专业硕士研究生、博士研究生的专业课教材,也可供控制科学与工程、人工智能、优化控制等领域的科研人员参考。

图书在版编目(CIP)数据

Stackelberg 模型在非合作博弈控制问题中的应用研究/李小倩著. —北京:清华大学出版社,2022.8

ISBN 978-7-302-61491-3

Ⅰ. ①S… Ⅱ. ①李… Ⅲ. ①双线性系统－博弈论－研究 Ⅳ. ①O231

中国版本图书馆 CIP 数据核字(2022)第 137130 号

责任编辑:许 龙
封面设计:傅瑞学
责任校对:欧 洋
责任印制:朱雨萌

出版发行:清华大学出版社
    网   址:http://www.tup.com.cn,http://www.wqbook.com
    地   址:北京清华大学学研大厦 A 座   邮   编:100084
    社 总 机:010-83470000   邮   购:010-62786544
    投稿与读者服务:010-62776969,c-service@tup.tsinghua.edu.cn
    质量反馈:010-62772015,zhiliang@tup.tsinghua.edu.cn
印 装 者:小森印刷霸州有限公司
经   销:全国新华书店
开   本:170mm×240mm   印 张:8.75   字   数:178 千字
版   次:2022 年 8 月第 1 版   印   次:2022 年 8 月第 1 次印刷
定   价:55.00 元

产品编号:097909-01

前　言

FOREWORD

最优控制理论已经被广泛用于网络控制、系统工程、金融投资等生产及生活的各个领域，并且取得了显著成果。具有线性二次型性能指标的最优控制（H_2 控制或 LQG 控制）是最优控制理论中具有广泛工程背景的一类控制问题，能较好地实现工业工程中的控制目标，使系统获得良好的动态以及稳态性能。

我们面对既定的控制任务时，往往会面临一些约束，在满足约束的条件下通过最优的路径实现任务就是最优控制。本书讨论的最优控制是探讨以最小的代价完成控制任务。这里提到的代价可能是消耗的能量、所需时间、花费的金钱等。例如，人类对航天航空的探索涉及火箭的控制问题，比如设计火箭上升的控制策略，让火箭在最小化需要携带燃料的前提下达到给定的最高速度等类似问题。又如，以两个飞行器的距离为性能指标，追者希望将指标最小化，而逃者希望将其最大化。在搭建的追逃动态系统中，状态的变化和双方的性能指标都由二者的控制共同决定，通常认为追逃双方在矛盾中会采取博弈的平衡策略。所以，微分博弈问题可理解为一种有两个或多个参与者的最优控制问题，或者把最优控制问题看作一种只有一人参与的微分博弈问题。

本书利用极值原理、Stackelberg 博弈方法和正则 Riccati 方法等工具，研究 Stackelberg 模型在非合作博弈系统（具有时滞、乘性噪声以及性能指标中有控制加权矩阵半正定情况等）中的控制问题。各章内容概述如下：

第 1 章介绍博弈论以及最优控制的研究背景和重要意义，回顾已有结果，指出亟待解决的问题，分析具有输入时滞的 LQ 控制问题和具有乘性噪声的 LQ 控制问题的难点所在，指出本书的主要研究内容。

第 2 章研究了 Stackelberg 模型的开环控制问题。采用 Stackelberg 博弈方法，分别将控制输入作为领导者（leader），将扰动输入作为跟随者（follower），其中，控制输入使 H_2 范数最小化，扰动输入使 H_∞ 范数最大化。在标准假设下，应用极大值原理得到控制器存在的充要条件，保证开环 Stackelberg 策略的存在唯一性。通过对变量的齐次分析，基于三个解耦的 Riccati 方程得到正倒向差分/微分方程控制器的显式表达式。最优控制策略表明，领导者和跟随者的控制器存在层级性，领导者首先宣布自己的控制器,跟随者控制器受领导者控制器的影响。

第3章研究了具有输入时滞的 LQ 系统的 Stackelberg 博弈开环控制问题。问题的难点是由输入时滞导致的控制变量的非因果性,为了解决这个问题,分别引入两个伴随状态变量来捕获控制输入的未来信息和一种状态变量来获取控制输入的历史信息。基于极大值原理,得到控制器存在且唯一的充分必要条件;通过求解对称且解耦的三个 Riccati 方程,设计控制器,得到混合控制问题的开环解。

第4章研究了具有乘性噪声的 LQ 系统的 Stackelberg 博弈开环控制问题。引入一种新的伴随状态变量来捕获控制输入的信息,从而得到一种新的正倒向随机微分(差分)方程(FBSDEs)。针对 FBSDEs 与最优控制之间的关系,定义了前向变量与后向变量之间的齐次关系,有助于获得控制器的显式表达式。利用解耦代数方程的可解性,得到 Stackelberg 策略存在且唯一的充要条件。通过求解三个解耦的 Riccati 方程得到 FBSDEs 的解,得到领导者-跟随者随机差分对策的开环解。

第5章讨论了性能指标中具有半正定控制加权矩阵的线性系统,在性能指标中,加权矩阵 $R \geqslant 0$ 保证了闭环解的存在。首先,在 H_∞ 优化过程中,得到的 (u,w) 策略保证了 H_∞ 约束具有规定的干扰了衰减水平,其中,w 最大化 H_∞ 性能指标,同时 u 最小化 H_2 性能指标。由于控制加权矩阵的半正定性,在控制输入 u 中存在一个任意项。其次,在 H_2 优化过程中,通过矩阵转换,任意项被重新定义为待解决的控制器,这将进一步最小化 H_2 范数。基于这两个优化过程,通过引入正则 Riccati 方程得到控制问题的闭环解。

本书由作者近年来的研究成果汇编而成,为方便读者阅读,我们对各种公式和算法的推导过程都进行了详细的解释;此外,在每一章后我们还加入了应用例子,希望读者能够借此了解博弈论与最优控制的具体应用过程。感谢在本书写作过程中,我校相关专业教师和学生的热情帮助。感谢我校国忠金教授对本书的认真评阅。

本书是控制类专业的专业书籍,可作为高等院校自动化及相关专业的师生和学者参考。由于作者水平有限,难免存在不当和疏漏之处,敬请广大读者不吝批评指正。

李小倩

2022 年 5 月

于泰山学院

主要符号说明

$\mathbb{R}^n$	维数为 n 的 Euclidean 空间
$\mathbb{R}^{n \times m}$	维数为 $n \times m$ 的实矩阵空间
X^{-1}	矩阵 X 的逆
X'(或 X^{T})	矩阵 X 的转置
$X > 0$	对称矩阵 X 为正定矩阵
$X \geqslant 0$	对称矩阵 X 为半正定矩阵
I	维数适当的单位矩阵
0	维数适当的零矩阵
$\mathrm{rank}(X)$	矩阵 X 的秩
a.s	概率意义下几乎处处
$\{\Omega, F, P\}$	完全概率空间：Ω, F, P 分别代表样本空间、事件域和概率
$E(\zeta)$	随机变量 ζ 的数学期望
$E(\zeta \mid \bar{\omega})$	随机变量 ζ 关于 σ-代数 $\bar{\omega}$ 的条件数学期望
$\|\cdot\|$	向量或矩阵的范数

目 录

CONTENTS

第1章

绪　论

　　最优控制理论是现代控制理论的重要研究内容之一,主要思想是根据被控对象的数学模型,从一类允许的控制方案中选择最优的控制方案,使被控对象由某个初始状态运行到指定的目标状态,并使给定的某一性能指标最优。H_2 最优控制和 H_∞ 优化控制的研究对现代控制理论的发展具有十分重要的意义。H_2 最优控制能够使系统具有较快的响应速度以及其他一些良好的特性,但是对被控系统的外部扰动或者建模误差导致的不确定性缺乏鲁棒性。H_∞ 控制虽然对系统的不确定性具有良好的鲁棒性,却牺牲了其他的系统性能。鉴于此,综合利用两种设计方法各自的优点,混合 H_2/H_∞ 控制可以使系统在某一有界扰动下保持稳定的同时还具有最快的响应。现阶段求解 H_2/H_∞ 控制问题仍然存在挑战性。由于 H_2/H_∞ 控制问题的求解十分困难,所以多数的解法都对混合 H_2/H_∞ 控制问题进行了简化、变形,将原问题转变为纳什博弈策略的最优控制问题,或者加入一些限定条件和假设,最终将混合 H_2/H_∞ 控制问题转化成为求解 Riccati 方程问题、LMI 问题、凸优化问题等。

1.1 最优控制

　　1662 年,被称为"业余数学家之王"的 Pierre de Fermat(费马)提出光线总沿着耗时最短的路径传播;在经济学中,人们也趋向于在个人损失最小化的基础上实现利益的最大化;在社会学领域中,人们普遍认为个人会选择需要最少努力的路径。

　　我们面对既定的控制任务时,往往会面临一些约束,在满足约束的条件下通过最优的路径实现任务就是最优控制。本书讨论的最优控制是探讨以最小的代价完成控制任务。这里提到的代价可能是消耗的能量、所需时间、花费的金钱等。为无人车设计控制方法,使无人车沿着一定的路线到达目标位置就是一个典型的控制任务。车辆当前所处的位置和控制的变化规律是两个重要信息。具有丰富经验的司机会通过多种控制方法到达目的地。如果这里的任务是经过最短的时间到达目的地,那么经过分析发现加大油门有可能引发超速问题,而且过大的消耗可能提前消耗完燃油。这些因素的存在要求我们合理地设计控制方法。

人类对航天航空的探索也涉及火箭的控制问题,比如设计火箭上升的控制策略,让火箭在最小化需要携带燃料的前提下达到给定的最高速度等类似问题。

这类问题包含最优控制问题的四个基本要素:

(1)状态方程:描述动态系统(附录1),即控制变量 $u(t)$ 对状态变量 $x(t)$ 的影响,通常用常微分方程表示。

$$\dot{x}(t) = f(x(t), u(t), t), \quad t \in [t_0, t_f], \quad x(t_0) = x_0$$

(2)容许控制:控制和状态需满足的约束条件。

$$u \in \mu, \quad x \in \chi$$

(3)目标任务集: t_f 时刻被控对象的状态 $x(t_f)$ 应符合的条件。

$$\delta = \{x(t_f) : m(x(t_f), t_f) = 0\}$$

(4)指标函数:在达到目标任务集的情况下,衡量控制任务的优劣程度。

$$J_u \overset{\text{def}}{=} h(x(t_f), t_f) + \int_{t_0}^{t_f} g(x(t), u(t), t) \mathrm{d}t$$

指标函数最小化或最大化在数学上无本质区别,1956—1957 年苏联团队提出 Pontryagin 极小值原理(附录2)的适用范围包括控制变量连续或不连续的、有约束或无约束的非线性控制问题,被认为是最优控制理论中最为重要的成果。美国学者在 1952—1957 年提出的动态规划方法则在 20 世纪 60 年代初被发现可用于最优控制问题,在最优的性能指标关于初始状态和初始时间二阶连续可微的情况下可获得与 Pontryagin 极小值原理相同的结果。Pontryagin 极小值原理和动态规划奠定了最优控制数学理论的基础。不久之后,人们发现动态规划也可用于处理最优控制问题。

求解满足状态方程、容许控制,且能达到控制目标任务集的情况下使指标函数最小化的控制变量是从数学的角度对最优控制问题的解释。

最优控制理论已经被广泛用于网络控制、系统工程、金融投资等生产及生活的各个领域,并且取得了显著成果[1-7]。具有线性二次型性能指标的最优控制(H_2 控制或 LQG 控制)是最优控制理论中具有广泛工程背景的一类控制问题,能较好地实现工业工程中的控制目标,使系统获得良好的动态以及稳态性能。但是,其控制效果完全依赖于被控对象数学模型的准确性,由于外部干扰、系统故障以及建模误差的缘故,导致难以得到实际工业过程的精确数学模型,所以系统的鲁棒稳定性有时较差,从而影响了传统的 H_2 最优控制器在实际中的应用。为了解决这类问题,20 世纪 80 年代以来,许多学者致力于鲁棒控制理论的研究,在这种背景下 H_∞ 优化控制理论应运而生[8]。对 H_2 优化控制理论的研究也围绕着如何提高被控系统的鲁棒性展开。1989 年 Bernstein[9] 等提出将 H_2 控制与 H_∞ 控制结合,使得系统在获得优良调节特性的同时保持鲁棒稳定性,这一类控制被称为混合 H_2/H_∞ 控制问题。在混合

H_2/H_∞ 控制中实现了对多个目标的控制,这使得它具有重要的理论意义和广泛的应用背景[10-14]。

在系统模型的搭建过程中,会不可避免地遇到延时现象,并且该现象广泛存在于通信系统、过程控制等工程系统中[15]。时滞系统是描述系统中具有延时现象的基本模型,该系统状态的变化同时受到当前时刻和过去时刻状态信息或者控制信息的影响。20世纪五六十年代以来,随着卡尔曼滤波、动态规划法、史密斯预估器以及极值原理等研究成果的出现,时滞系统在最优控制、最优滤波等问题的研究上取得了一定程度的进展。但是由于时滞的存在,很多方法并不适用于混合 H_2/H_∞ 控制问题的求解。

众所周知,噪声与状态控制以叠加形式出现在动态系统中的系统为加性噪声系统,其相应的随机 LQG 控制、输出反馈控制等研究已经得到了完善的解决。具体地说,对于带有加性噪声的离散系统的随机 H_∞ 控制问题和随机混合 H_2/H_∞ 控制问题,可以通过求解三个耦合 Riccati 方程来设计控制器。需要注意的是,在多数实际情况中,噪声不仅与状态相关,而且与控制和外部干扰相关,故此引入了乘性噪声系统的概念。乘性噪声的存在使得线性系统具有一定的非线性特征,导致研究这一问题变得更加困难。已有研究结果表明,混合 H_2/H_∞ 控制可以应用到确定性系统[16-17]和随机性系统[12,18-22],有限/无限时间域随机控制问题的求解与广义微分 Riccati 方程(DRE)或广义代数 Riccati 方程(AREs)有着密切的联系。将单一的状态带噪声或控制带噪声问题推广到更一般的同时依赖于状态和控制的问题无疑是一项重要的工作。

基于以上分析,混合 H_2/H_∞ 控制具有深刻的理论意义和广泛的应用背景,是一个值得深入研究的课题。本书针对线性系统混合 H_2/H_∞ 控制进行研究,并将结果推广到时滞系统、随机系统以及系统性能指标中有控制加权矩阵半正定的情形。本书的研究对混合 H_2/H_∞ 控制的完善和发展具有重要的意义。

1.2　博弈论

对于博弈论的研究可以追溯至1713年英国 James Waldegrave 研究的二人纸牌游戏。法国数学家 Emile Borel 关于二人零和博弈问题的研究是现代博弈论的标志,两人零和博弈反映了博弈双方不论采取何种行动,他们的收益之和为零。1928年,John von Neumann(冯·诺依曼)提出最小值-最大值原理(Minimax theorem)。1944年,冯·诺依曼与 Morgenstern 合作提出的 *Theory of Games and Economic Behavior* 使得现代博弈论受到广泛的重视。在二人零和博弈中使用极小-极大值原理的关键在于一方得到的收益是另一方失去的收益,即二者前后的收益和为零。所以,一方的策略就是使自己的收益最大化,这势必使对手的收益最小化。

参考博弈论的经典案例:

在第二次世界大战时期,日军将派出一支补给护航舰队驶往新几内亚岛,乔治·

肯尼将军得知后要求盟军炸沉这支舰队。经过分析,这支舰队有两条可选择的路线:一条到达新不列颠的北边,一条到达南边。每条路线都要行驶 3 天,这 3 天内盟军都可能发动袭击。但是,特殊天气不适合进行袭击。据天气预报,北边路线途经地会有 1 天的阴雨天气,不适合袭击,这样的话袭击时间最多为 2 天;而南边路线一直是晴天,能见度高,适合轰炸。肯尼将军将在派侦察飞行队去往北边还是南边上做出选择。如果敌军舰队走北边,而飞行队选择南边的话,就会少了 1 天的袭击时间(而可行的袭击时间也仅有 2 天);反之,会有 2 天的袭击时间。根据以上,得出收益矩阵如表 1.1 所示,表中数字代表盟军的收益,即袭击的天数。

表 1.1   收益矩阵

盟军＼日军	北	南
北	2	2
南	1	3

从日军的角度分析这个矩阵,可以看到走北边路线是最优方案,因为选择南边路线,至少会受到 2 天的袭击,甚至 3 天;但是选择北边,则最多受到 2 天袭击,有可能只有 1 天。因此,肯尼将军预测日军会让护航舰队选择北线。所以,盟军派侦察飞行队也走北线(历史上,日军最后确实选择了北线,在盟军的攻击下损失惨重)。在零和博弈中,两个参与人的利益是完全相对的,完全没有任何共同利益。

多人非零和博弈是 John F. Nash(纳什)在 1950 年提出的纳什均衡策略(Nash equilibrium)中所讨论的,它要求博弈的每个参与者都能预测对手信息并且在此基础上采取"最优策略"。

博弈论是一种从博弈的结局看为最好的对策。考虑一个有两个参与者($i=1,2$)的简单博弈问题,博弈双方都希望最小化自己的目标函数 $F_i(x_1,x_2)$: $\Omega_1 \times \Omega_2 \to R(i=1,2)$,其中,$x_i \in \Omega_i \subset \mathbb{R}^n (i=1,2)$ 分别是两个参与者的策略。需要注意的是,区别于一般的最优化问题,在博弈问题中,一个参与者的目标函数除了受他自己的策略影响外,也受对方策略的影响,如果二者的目标不一致,就无法使用经典的优化控制理论进行处理。为此,纳什平衡作为博弈问题解的概念被引入:若满足 $x_1 \in \Omega_1$, $x_2 \in \Omega_2$,在 x_1 和 x_2 "附近"的策略 x_1' 和 x_2' 都满足

$$F_1(x_1,x_2) \leqslant F_1(x_1',x_2), \quad F_2(x_1,x_2) \leqslant F_1(x_1,x_2')$$

则称 x_1,x_2 是这个博弈问题的纳什平衡解。换句话说,纳什平衡策略是双方同时调整自己的策略得到的。那么,可以将博弈平衡的概念归纳为最优化问题中最优解在多参与者、多目标情况下的拓展。

经典的"囚徒困境"可以很好地介绍博弈问题求解的基本理念和思路。

例(囚徒困境)。两个囚徒 $i=1,2$ 分别接受审问,他们招供(1)与否(0)相互不受对方影响,因此两人的策略空间均为 $\Omega_1 = \Omega_2 = \{0,1\}$。指标函数 $F_1(x_1,x_2)$,

$F_2(x_1,x_2)$的取值见表 1.2(斜杠"\"左侧为 F_1 的取值,右侧为 F_2 的取值),是二人分别采用 x_1,x_2 策略时获得的刑期(目标函数),二者均希望最小化自己的刑期(目标函数)。

表 1.2 囚徒二人的目标函数

$i=1$ ＼ $i=2$	招供(1)	不招供(0)
招供(1)	6\6	1\8
不招供(0)	8\1	2\2

把目标函数取值整理如下:

$$F_1(1,1)=6, \quad F_1(0,1)=8, \quad F_1(1,0)=1, \quad F_1(0,0)=2,$$
$$F_2(1,1)=6, \quad F_2(0,1)=1, \quad F_2(1,0)=8, \quad F_2(0,0)=2$$

根据纳什均衡定义容易验证,在上述例子中,仅有 $x_1=1,x_2=1$ 满足纳什均衡的定义

$$F_1(1,1)\leqslant F_1(x_1',1), \quad \forall x_1'\in\Omega_1$$
$$F_2(1,1)\leqslant F_1(1,x_2'), \quad \forall x_2'\in\Omega_2$$

相比较于纳什均衡策略 $x_1=1,x_2=1$,若囚徒 1 改变自己的策略为 $x_1=0$,那么需要服刑时间变为 $F_1(0,1)=8$,劣于均衡策略。同样地,囚徒 2 也不愿改变自己的策略。因此,纳什均衡中若固定对方策略,则己方选择策略应使得自己目标函数最小,双方均以此为决策依据。经济学家在博弈分析中,会从表 1.2 中的任意一点出发,纵向(固定 $i=1$ 的策略)或横向(固定 $i=2$ 的策略)地检查是否存在使一个囚徒修改自己策略解的可能,若没有,这一点就是博弈平衡。

考虑二人博弈的场景。定义映射 $R_1(x_2):\Omega_2\rightarrow\Omega_1$

$$R_1(x_2)=\underset{x_1\in\Omega_1}{\arg\min}F_1(x_1,x_2)$$

是参与人 $i=1$ 的反应函数(reaction function 或 best response)。类似地,参与人 $i=2$ 的反应函数为 $R_2(x_2):\Omega_1\rightarrow\Omega_2$

$$R_2(x_1)=\underset{x_2\in\Omega_2}{\arg\min}F_2(x_1,x_2)$$

假设上述反应函数都有唯一最优解,依据反应函数和纳什均衡的定义,若

$$x_1=R_1(x_2), \quad x_2=R_2(x_1)$$

可知 x_1,x_2 为纳什均衡解。通过联立上述博弈双方的反应函数求解该博弈问题的纳什均衡解。参照囚徒困境的例子,考虑 $x_2\in\{0,1\}$,那么 $i=1$ 的反应函数为

$$R_1(0)=\underset{x_1\in\{0,1\}}{\arg\min}F_1(x_1,0)=1$$
$$R_1(1)=\underset{x_1\in\{0,1\}}{\arg\min}F_1(x_1,1)=1$$

继续考虑 $x_1\in\{0,1\}$,那么 $i=2$ 的反应函数为

$$R_2(0) = \underset{x_2 \in \{0,1\}}{\arg\min} F_2(0,x_2) = 1$$

$$R_2(1) = \underset{x_2 \in \{0,1\}}{\arg\min} F_2(1,x_2) = 1$$

于是,只有 $x_1 = 1, x_2 = 1$ 满足条件。

1944 年,博弈论创始人、匈牙利裔美国数学家冯·诺依曼在和经济学家 Oskar Morgenstern 合作的名著 *Theory of Games and Economic Behavior* 中使用倒推法解决了一类博弈论的问题。随后,冯·诺依曼成为美国兰德公司的顾问,给美国团队带来了博弈论及其"倒推"求解的思想。

兰德公司从 20 世纪 50 年代将博弈论引入飞机拦截问题,研究了随后被称为微分博弈的"追逃问题"。假如以两个飞行器的距离为性能指标,追者希望将指标最小化,而逃者希望将其最大化。在搭建的追逃动态系统中,状态的变化和双方的性能指标都由二者的控制共同决定,通常认为追逃双方在矛盾中会采取博弈的平衡策略。在今天看来,我们可以把微分博弈问题理解为一种有两个或多个参与者的最优控制问题,或者把最优控制问题看作一种只有一人参与的微分博弈问题。

如果三维空间中追逐和逃跑的两个飞行器被简化为考察追逃二者存在于一维空间的情况,它们就被视为在一条公路上追逐的两辆车。忽略外界影响(摩擦力和空气阻力),假设质量为单位质量。追逃二者的状态为位置 $x_1^{(i)}(t)$:$[t_0,t_f] \rightarrow R$,$x_2^{(i)}(t)$:$[t_0,t_f] \rightarrow R(i=1,2)$,二者以加速度作为各自的控制变量 $u^{(i)}(t)$:$[t_0,t_f] \rightarrow R(i=1,2)$。则二者共同的状态方程为

$$\begin{cases} \dot{x}_1^{(1)}(t) = x_2^{(1)}(t) \\ \dot{x}_2^{(1)}(t) = u^{(1)}(t), \end{cases} \quad \begin{cases} \dot{x}_1^{(2)}(t) = x_2^{(2)}(t) \\ \dot{x}_2^{(2)}(t) = u^{(2)}(t) \end{cases}$$

二者的性能指标都是 Maver 形式,为终端时刻二者的距离

$$J(u_1,u_2) = |x_1^{(1)}(t_f) - x_1^{(2)}(t_f)|$$

与一般的最优控制问题有所不同的是,在追逃博弈中,追者希望最小化上述距离,而逃者希望将距离最大化。

泽尔滕(Selten,1965)证明了在参与者选择策略的博弈中不是所有的纳什均衡解都是合理的,因为其中的一些均衡解取决于参与者进行"空洞威胁"的能力,也就是说,有些策略被执行起来并不是最优的。海萨尼提出的用标准博弈论技术来模型化不完全信息情形是一套较成熟的方法,假设所有参与者都知道他人的收益,而在不完全信息对称下参与者对其他人的收益并不确定。当处理信息不完全对称的博弈问题时,纳什均衡的概念就显得有些无能为力,领导者-跟随者博弈(Stackelberg 博弈)应运而生。

1.3　混合 H_2/H_∞ 控制

优化控制理论中的两个最常用的指标是 H_2 范数和 H_∞ 范数[23]。20 世纪 60

年代以来，H_2 范数在线性二次型最优控制问题中得到了广泛的讨论[24]。从理论上讲，当考虑被控对象时，干扰信号、传感器噪声、指令信号等一些外部信号的特性是未知的，这导致了 LQG 控制理论在最优控制中应用存在困难。因此，学者们使用 H_∞ 控制对具有不确定外源性扰动的系统进行建模和优化[8,25-26]。

对于一个标准的 H_∞ 控制，需要事先给定一个常数 $\gamma > 0$，然后寻找合适的控制器使 H_∞ 范数下的闭环传递函数严格小于 γ。Doyle 等[23]使用结构奇异值验证 H_∞ 的鲁棒性，极大地促进了控制理论的发展。Zames 在经典论文[8]中介绍了一种以状态转移函数矩阵的 H_∞ 范数为最优性能指标的控制器设计。H_∞ 控制是基于 H_∞ 范数对具有模型不确定性系统进行优化的工具，它能实现许多经典的设计目标[27]。文献[28]中使用的 H_2 拓扑控制在实际系统中应用时，不能很好地实现系统的鲁棒性；作为比较，H_∞ 控制就能较好地实现系统的鲁棒稳定性。混合 H_2/H_∞ 控制可以在 H_2 范数和 H_∞ 范数之间求得一种折中[9]，既能消除扰动的影响，又能同时将性能指标降至最低，其中，用 H_2 范数来衡量系统的某些性能，用 H_∞ 范数来衡量系统的鲁棒性。

文献[9]中对带有 H_∞ 约束的 LQG 控制问题给出如下定义：

考虑 n 阶动态系统

$$\dot{x}(t) = Ax(t) + Bu(t) + D_1 w(t) \tag{1-1}$$
$$y(t) = Cx(t) + D_2 w(t)$$

求解 n 阶动态补偿器

$$\dot{x}_c(t) = A_c x_c(t) + B_c y(t) \tag{1-2}$$
$$u(t) = C_c x_c(t)$$

使其满足以下标准：

闭环系统方程（1-1）～方程（1-2）是渐近稳定的，即 $\overline{A}$ 是渐近稳定的，

$$\overline{A} = \begin{bmatrix} A & B_c C \\ B_c C & A_c \end{bmatrix}。$$

从 $w(t)$ 到 $E_1 x(t) + E_2 u(t)$ 的闭环传递函数

$$H(s) \overset{\Delta}{=\!=} \widetilde{E}_\infty (sI_{\tilde{n}} - \widetilde{A})^{-1} \widetilde{D} \tag{1-3}$$

满足

$$\| H(s) \| \leqslant \gamma \tag{1-4}$$

式中，γ 为一个给定的正常数。

最小化二次型性能指标为

$$J(A_c, B_c, C_c) = \lim_{t \to \infty} E[x^\mathrm{T}(t) R_1 x(t) + u^\mathrm{T}(t) R_2 u(t)] \tag{1-5}$$

可见，以上定义中的性能指标同时反映了 H_2 范数和 H_∞ 范数，在这里分别称它们为 H_2 性能指标和 H_∞ 性能指标。特别地，矩阵 R_1 和 R_2 分别是性能指标中状态

和控制变量的加权矩阵。通过引用 H_2 加权变量，

$$z(t) = E_1 x(t), \quad v(t) = E_2 u(t)$$

性能指标式(1-5)可以写为

$$J(A_c, B_c, C_c) = \lim_{t \to \infty} E\left[z^T(t) z(t) + v^T(t) v(t) \right]$$

对于具体控制系统的设计，可以描述为在某一有界扰动下系统保持稳定的同时还要使标称系统具有最快的响应。因此，混合 H_2/H_∞ 控制在工程实践中比单纯的 H_2 控制或 H_∞ 控制更有吸引力，因为它不仅满足 H_∞ 性能指标，而且同时最小化了 H_2 性能指标。

由于混合 H_2/H_∞ 控制在理论和实践中的广泛应用，多年来一直是一个比较活跃的研究领域[29-34]。混合 H_2/H_∞ 控制将系统的最优性能指标和鲁棒性能指标结合了起来，通过求解最优控制器使系统同时获得两个系统特性。但是由于混合 H_2/H_∞ 控制问题的求解过程面临许多困难，在已有的文献中都对它进行了简化、变形，通过加入一些特定条件和假设，将混合 H_2/H_∞ 控制优化问题转化为 Riccati 方程问题、凸优化问题等。Bernstein 等[9]将混合 H_2/H_∞ 控制问题转化为次优控制问题，通过求解两个耦合的 Riccati 方程得到该问题有解的必要条件。文献[35]验证了该条件的充分必要性。文献[10]中，Khargonekar 和 Rotea 引入凸优化方法来处理混合 H_2/H_∞ 控制问题。他们分两种情况考虑问题，在考虑状态反馈时，将 H_2/H_∞ 控制问题视为凸优化问题；在考虑输出反馈时，则将其转化为前一种情况。但是，该方法仅给出了一种转化方式，并未给出真正的解决方案。Halikias 等[36]运用凸优化方法得到了 H_∞ 次优控制问题的数值解。除此之外，由于遗传算法在优化控制中的广泛应用，也被用来解决混合 H_2/H_∞ 控制优化问题，并且取得了一些成果[37-39]。

Limebeer 等将经济学中经常用到的纳什博弈理论用于研究混合 H_2/H_∞ 控制优化问题[11,40-42]，将混合 H_2/H_∞ 控制问题的求解转化为求解纳什均衡解。求解混合 H_2/H_∞ 控制优化问题的基本思路是寻求一个控制器使其满足系统的 H_∞ 性能指标，寻求另一个控制器使其满足系统的 H_2 性能指标。在双人纳什博弈中同样要寻找两个控制器，只是这两个策略是同时得到的。在文献[11]的基础上，Murakami 等利用纳什博弈方法寻求具有输出反馈的混合 H_2/H_∞ 控制问题的解[40]，把混合 H_2/H_∞ 控制器的求解转化为求解耦合的 Riccati 方程。同样地，该求解方法得到的解是混合 H_2/H_∞ 控制问题被转化后的纳什博弈问题的解。在文献[21]中，首先假定待求的扰动策略以及控制器的反馈解形式，通过求解四个耦合的矩阵方程最终得到关于扰动和控制的一对纳什均衡解。需要注意的是，已有文献给出的是基于纳什博弈方法的一对控制器，由于这对解的对称性，它并不是真正意义下的混合 H_2/H_∞ 控制问题的解。

博弈论又称为对策论，是一种研究具有竞争性质现象的思想和方法。一般来说，根据博弈双方是否形成约束性的协议，可以将博弈分为合作性博弈与非合作性博弈

合作性博弈中的博弈双方存在约束协议;反之,称之为非合作性博弈。根据博弈双方的成本函数之和是否为零又可将博弈分为零和博弈与非零和博弈。从博弈参与者对信息的拥有程度来说,完全信息博弈中的一方能够对所有博弈参与者的策略信息实现完全了解;否则是不完全信息博弈。此外,基于其他分类标准又可将博弈分为传统博弈与演化博弈、动态博弈与静态博弈等。根据博弈中各个参与者地位的不同又可以将博弈定义为纳什博弈、Stackelberg 博弈等。有别于纳什博弈策略中各个参与者均实现最优目标的设定,在 Stackelberg 博弈问题中,存在一种层级关系[43-50],即一个参与者的控制器受另一个参与者控制器的影响,其中起主导作用的参与者叫作领导者,另一个参与者叫作跟随者。这是一种约束优化问题,领导者首先声明自己的策略,跟随者根据领导者的策略选择最优策略[49]。

下面是 Stackelberg 策略的定义:

考虑两个玩家,玩家 1 的控制器 $u_k \in U$,玩家 2 的控制器 $w_k \in W$。两者的性能指标函数分别用 $J_1(u,w)$ 和 $J_2(u,w)$ 表示。指定玩家 1 是领导者,玩家 2 是跟随者。玩家 1 的目标是最小化 $J_1(u,w)$,而玩家 2 的目标是最小化 $J_2(u,w)$。

对玩家 1 选择的任意策略 $\bar{u} \in U$,玩家 2 都存在唯一的策略 $\bar{w} \in W$ 使性能指标 $J_2(\bar{u},w)$ 最小,该过程可以用映射表示,即 $T:U \to W$ 使 $J_2(u,Tu) \leqslant J_2(u,w)$ 对所有 $w \in W$ 和任意 $u \in U$ 都成立。

考虑性能指标 $J_1(u,Tu)$,假设存在唯一解 $u^* \in U$,即 $J_1(u^*,Tu^*) \leqslant J_1(u, Tu)$,$\forall u \in U$。那么 $(u^*,w^*)=(u^*,Tu^*) \in U \times W$ 是该博弈问题的唯一 Stackelberg 解。因此,如果玩家 1 率先宣布自己的行动,并得到最优控制器 u^*,那么以玩家 1 为领导者的 Stackelberg 策略就是玩家 1 的最优控制器。如果玩家 1 选择任何其他策略 u,那么玩家 2 将选择相应的最小化 J_2 的策略 w,但是玩家 1 的最终成本将大于或等于以玩家 1 为领导者的 Stackelberg 策略。因此,当信息模式存在偏差,即玩家 2 不知道玩家 1 的性能指标函数,而玩家 1 同时知道这两个性能指标函数时,以玩家 1 为领导者的 Stackelberg 策略是一种较有优势的策略。玩家 1 通过首先宣布 Stackelberg 最优策略 u^*,迫使玩家 2 跟随并得到 Stackelberg 最优策略 w^*。

Stackelberg 策略被广泛应用于线性二次型问题[48-50]和混合 H_2/H_∞ 控制问题[16,44-45,51-52]。在文献[16]和文献[51]中分别考虑了 Stackelberg 策略在具有多个参与者的连续时间系统和离散时间系统中的应用。在具有多个参与者且同时有状态和扰动噪声的混合 H_2/H_∞ 控制问题中,通过求解多个耦合的代数非线性矩阵方程得到 Stackelberg 策略集。在文献[51]中,将 H_2/H_∞ 控制问题转换为求解 Stackelberg 博弈问题,其中领导者最小化 H_2 指标,而跟随者最大化 H_∞ 指标,该问题给出了无限时域下解存在的必要条件。文献[52]中,将确定性扰动视为跟随者,通过一组交叉耦合偏微分方程或耦合代数 Riccati 方程,提出了策略集存在的必要条件。根据对已有文献的研究,针对混合 H_2/H_∞ 控制问题,还没有基于 Stackelberg 博弈方法给出控制器的开环解。

从混合 H_2/H_∞ 控制问题提出到现在,混合 H_2/H_∞ 控制问题引起了越来越多研究者的兴趣,无论在理论上还是在工程应用中都取得了一定的成果。由于混合 H_2/H_∞ 控制的适应性,它被广泛应用于参数摄动控制、次优控制、时滞系统控制和随机控制等。但是在以往的研究工作中,仍然存在一些亟须解决的问题。

需要指出的是,上述研究成果中基于交叉耦合代数 Riccati 方程或交叉耦合差分/微分方程的工作在实际计算中通常比较复杂。并且基于 Stackelberg 博弈策略的混合控制问题开环解还没有被提出。本书第 2、3、4 章通过求解解耦的 Riccati 方程,给出了一类混合 H_2/H_∞ 控制问题的开环解存在且唯一的充要条件。

在已有文献中,性能指标中的控制加权矩阵是正定的,对性能指标中控制加权矩阵正定的假设导致不能得到混合 H_2/H_∞ 控制问题的闭环解。事实上,当 $R>0$ 时,在 H_∞ 优化过程中得到的控制器 u 是唯一的,它不能再被用来优化 H_2。因此在使用上述方法时,得到的解并不是混合 H_2/H_∞ 控制问题的真正解决方案,而是混合 H_2/H_∞ 控制问题被转化后的如纳什博弈问题、凸优化问题等的解决方案。本书第 5 章研究了具有半正定控制加权矩阵的混合 H_2/H_∞ 控制问题,得到了混合 H_2/H_∞ 半正定控制的一类闭环解。

1.4 时滞系统控制

时滞系统被称为具有后效性的系统,通常有一处或几处的信号传递存在时间延迟现象,例如信号在电缆上的传输、蒸气和流体在管道中的流动,都普遍有时间延迟。对于一个具体的控制系统,时滞可能由控制元件和执行元件引起,也可能由测量元件或测量过程引起。一般来说,时滞现象在控制系统中是普遍存在的,且滞后时间越长,越不利于系统控制性能的实现,控制难度越大。控制领域中的多个研究方向都受到时滞的影响,例如混合 H_2/H_∞ 控制、随机控制、分布式控制、网络控制等。例如,网络控制系统中,在设备之间交换信息时会发生延时,这种延时会降低控制系统的性能,甚至会在不考虑它的情况下破坏整个系统的稳定性。为了解决这一难题,许多学者长期致力于理论以及实践中研究时滞系统,并且取得了诸多成果。

时滞系统最优控制问题在 20 世纪 60 年代以来得到了广泛的研究[53-74],包括时滞线性/非线性系统最优控制等。在此期间,输入时滞系统的 H_2 控制问题也引起了许多学者的关注。文献[53]中,针对系统中具有单输入时滞的情况,Smith 提出了著名的预估控制算法,该方法使被控对象与预估器并联,将系统中的滞后项移到外面,继而将时滞问题转化为无时滞最优控制问题。文献[62]讨论了更一般的存在状态时滞和控制时滞的线性离散系统的最优控制问题,研究了最优控制器的存在性,得到了最优控制器存在的充要条件。文献[63]综合了产生极大值原理的几何思想和产生反馈控制器的动态规划思想两个方面,给出了时滞系统最优控制理论和二次性能准则。对于 H_∞ 预测控制和固定时滞问题,文献[67-68]通过采用参数化代数 Riccati 方程得到问题的解。借助于博弈论和扩维技术,文献[68]基于一个标准的 H_2 型 Riccati 方程和 H_∞ 型 Riccati 方程,给出了问题可解的充要条件。

由于混合 H_2/H_∞ 控制问题还没有得到充分解决,所以当问题扩展到时滞系统的混合 H_2/H_∞ 控制时,问题的求解变得更加困难。在文献[68]中,在离散时间系统 H_∞ 控制中解决了具有输入时滞的问题,同时引入了状态和伴随状态的概念,其中状态和伴随状态分别定义为捕获过去输入信息和未来输入信息的变量。针对具有时滞的线性系统混合 H_2/H_∞ 控制问题,文献[69]通过引入线性矩阵不等式技术设计算法得到了控制器,并给出了控制器存在的充分条件。文献[70]在考虑最差扰动的情况下,将混合 H_2/H_∞ 控制问题转换为受线性矩阵不等式约束的凸优化问题,同样给出了控制器存在的充分条件。文献[71]分别考虑了具有输入时滞的差分/微分领导者-跟随者博弈问题,通过引入新的伴随状态得到了一个有效且显式的解。文献[72]定义了一类具有输入时滞和扰动的广义系统的完全信息控制问题,引入了一个无时滞广义系统以及哈密尔顿矩阵,建立了相应算子 Riccati 方程的解析解。通过引入一种新的基于状态与伴随状态变量之间非齐次关系的李雅普诺夫函数,文献[73]得到了具有多噪声和输入时滞的离散时间系统的最优线性二次正则控制器。文献[74]提出了时变时滞系统的混合 H_2/H_∞ 控制器设计算法,表明混合控制问题状态反馈控制器存在的充分条件是具有线性矩阵不等式形式,通过计算该线性矩阵不等式,给出了混合 H_2/H_∞ 控制器的设计方法和性能测量的上界。

通过对相关文献的回顾和总结,可以看出,针对时滞系统的混合 H_2/H_∞ 控制已经取得了一些成果,但是仍然存在一些需要改进的问题。

已有文献对采用 Stackelberg 博弈策略的时滞混合 H_2/H_∞ 控制问题的讨论尚且不充分。由于领导者后效性问题会使问题的求解变得更加复杂,使得具有因果性的最优策略亟须解决。本书第 3 章研究了具有输入时滞的离散/连续时间混合 H_2/H_∞ 控制问题,获得了最优解存在且唯一的充分必要条件,通过求解解耦且对称的三个 Riccati 方程最终得到控制器的最优解。

回顾已有成果,要想得到最优策略需要基于三个耦合且非对称的 Riccati 方程,在这些方程的求解过程中需要借助扩维技术,然而维数的提高却增加了运算量。本书第 2 章、第 3 章在扩展状态空间表达式的辅助下,通过对变量的齐次分析,得到正后向差分/微分方程的解以及控制器的显式表达式,灵活地避免了由于扩维和非对称导致的冗余计算量。

1.5　随机系统控制

在工程和实际应用中,系统会受到来自外界的各种不确定性因素或随机因素的影响,虽然有时可以忽略这些随机因素,将系统近似于确定性系统处理,但是这通常会破坏系统的性能,使得系统不稳定。因此,如实地把动态系统视为随机系统来研究具有重要的实际意义[75]。这就要求在系统模型的搭建过程中必须充分考虑随机因素的影响[76],于是学者们采用随机模型对系统建模,并利用随机分析的数学方法来解决问题并进行控制器设计[77]。随着日本学者伊藤创立 $Itô$ 型随机微分方程理论,随机系统被广泛应用于证券投资中增长模型和投资组合的选择、金融决策中生产和库存的开发与规划等经济问题以及无线传感网络、卫星遥感系统等模型的研究,并且取得了诸多的成果[78-90]。

作为最优控制理论的一部分,随机 LQ 控制问题具有重要的理论和应用价值。常见的随机系统包括加性噪声系统和乘性噪声系统。加性噪声在系统中与状态、控制和量测是相加的关系;乘性噪声在系统中与状态、控制和量测是相乘的关系。在乘性噪声线性系统的二次优化控制问题中,动态系统是扩散项依赖于状态和控制输入的线性系统,性能指标为状态和控制的二次型函数,解决此类问题的核心技术是求解广义代数 Riccati 方程。研究随机 LQ 控制常用的工具包括随机分析、哈密尔顿-雅可比-贝尔曼方程、随机极大值原理、随机微分方程等,但是由于乘性噪声的特殊性,导致最优控制器的增益依赖于最优估计,即分离原理不再成立。解决随机 H_2 控制问题的核心技术是求解广义代数 Riccati 方程[83-85],例如,对于状态变量中包含乘性噪声的有限时间离散系统 H_2 控制问题,根据极大值原理建立广义 Riccati 差分方程来求得最优控制器。需要注意的是,随机 $Itô$ 系统中的噪声不仅与状态相关,而且与控制和外部扰动相关。相关噪声加入控制变量使得寻找问题的最优解存在唯一性的充要条件变得更加困难。因此,将纯状态或控制噪声问题推广到更一般的同时依赖于状态和控制的噪声问题也是一项重要的工作,文献[86-89]通过求解随机微分方程来获得此类最优控制器的解。文献[90]以耦合非线性矩阵不等式的形式给出了 H_∞ 控制器存在的充分必要条件,该控制器在鲁棒随机滤波中具有重要的应用。

在文献[19]中,考虑了带状态依赖型噪声的随机 H_2/H_∞ 控制问题。文献[12]考虑并求解带有加性噪声的离散系统的随机 H_∞ 控制和混合随机 H_2/H_∞ 控制问题,通过求解三个耦合的 Riccati 方程来设计控制器。文献[18]研究了一类具有状态和控制依赖型噪声的一般线性随机问题,其中,H_∞ 范数由扰动算子范数给出,并测量了随机扰动对输出的最坏影响。文献[20]研究了同时具有状态和控制输入依赖型噪声的离散时间线性随机系统,给出了控制器存在的必要和充分条件,控制问题有解的前提是扰动算子的闭环规范低于给定的阈值 γ。在文献[21]中,研究了具有状态和外部干扰依赖型噪声的离散时间随机 H_2/H_∞ 控制问题。推导出了 H_2/H_∞ 控制器存在的一个充要条件,并将 H_2/H_∞ 控制器设计转化为求解四个耦合矩阵方程。类似地,(x,u,v) 依赖型噪声问题在文献[22]中被考虑。毫无疑问,同时依赖于状态和控制的噪声使问题变得更加复杂。

在考虑 H_2/H_∞ 控制问题时,动态系统中控制器的个数也应该着重考虑。处理多输入随机 LQR 问题的一种常见方法是将所有输入叠加到一个新的输入中,然后应用随机极大值原理或动态规划得到一个解。然而,当输入通道数较多时,需要进行大量的运算,因为高维矩阵的逆依赖于输入通道数。文献[91]采用层次优化技术,对具有多个输入通道的确定性 LQR 问题进行了求解。然而,如上所述,系统中同时具有状态和控制依赖型噪声会使得多输入随机 LQR 问题更加复杂。随机 H_2/H_∞ 控制问题是一种多输入随机 LQR 问题,它同时包含控制输入和干扰。在以往的大多数工作中,随机系统混合 H_2/H_∞ 控制器的存在与否取决于耦合矩阵微分方程或耦合代数 Riccati 方程的可解性,这就导致了大量的计算成本[22,81,84]。

通过对已有文献的总结和回顾,不难看出,用 Stackelberg 博弈策略求解随机系统混合 H_2/H_∞ 控制问题尚且存在一些困难。

已有的研究结果中,对于具有多输入通道的随机 LQR 问题,面临着运算量大的问题,而在实际应用中这类问题又是不可避免的。本书第 4 章考虑了更具一般性的系统,即同时依赖于状态、控制以及扰动的噪声系统。

在已有的文献中,一方面针对随机系统混合 H_2/H_∞ 控制问题并未得到 Stackelberg 博弈开环显式解;另一方面,如何得到问题可解的充分必要条件亟须解决。本书第 4 章针对该问题,基于解耦的差分方程给出了 H_2/H_∞ 控制问题有唯一解的充要条件,然后通过求解正倒向方程来获取随机系统 H_2/H_∞ 控制问题的最优解。

1.6 本章小结

本章以最优控制的发展和应用为线索,介绍了博弈论、混合 H_2/H_∞ 控制、时滞系统、随机系统等。回顾了已有成果以及用到的工具、方法和面临的挑战。随着博弈论在控制理论中的研究应用,很多具有实际应用价值的课题也逐渐被关注,本书的研究围绕着可被建模的线性系统展开,该类线性系统包括被控对象的状态方程、容许控制集、目标控制集以及二次型性能指标。

第 2 章

Stackelberg模型的开环解研究

在过去的几十年中,混合 H_2/H_∞ 控制已广泛应用于理论研究以及工程实践[10-12]。文献[21]研究了离散时间系统混合 H_2/H_∞ 控制,通过引入纳什博弈方法来分别优化 H_2 性能指标和 H_∞ 性能指标,该问题的求解等同于求解耦合矩阵方程,于是控制器的设计转化为求解四个耦合矩阵方程。此外,考虑到纳什策略中博弈双方存在对称性,一方使得 H_2 性能指标最小,另一方使得系统在最坏扰动下满足 H_∞ 性能指标,两者的控制器是同时获得的。与纳什策略不同,Stackelberg 策略的领导者和跟随者之间存在一个层级的关系。在文献[43]和文献[45]中,Stackelberg 策略被用于讨论混合 H_2/H_∞ 控制问题。然而,这种方法容易导致控制器的奇异性。

本章讨论了线性系统混合 H_2/H_∞ 优化控制问题,其中,控制输入使 H_2 性能指标最小化,扰动输入使得 H_∞ 性能指标最大化。我们选择 Stackelberg 博弈方法来解决该问题,其中,控制输入被视为领导者,扰动输入被视为跟随者。本章通过求解解耦的 Riccati 方程和李雅普诺夫方程得到控制器。

2.1 离散时间系统 LQ 控制

2.1.1 问题描述

考虑如下离散时间系统:

$$z_{2,k} = C_2 x_k + D_{2,1} u_k + D_{2,2} w_k \tag{2-1}$$

$$x_{k+1} = A x_k + B_1 u_k + B_2 w_k \tag{2-2}$$

$$z_{\infty,k} = C_\infty x_k + D_{\infty,1} u_k + D_{\infty,2} w_k \tag{2-3}$$

式中,$x_k \in \mathbb{R}^n$ 是状态;$z_{2,k} \in \mathbb{R}^r$ 和 $z_{\infty,k} \in \mathbb{R}^l$ 是输出;$u_k \in \mathbb{R}^s$ 是控制输入,在这里被视为领导者;$w_k \in \mathbb{R}^m$ 是确定性的扰动输入,在这里被视为跟随者。A,B_i,C_j,

$D_{j,i}(i=1,2;j=2,\infty)$是有适当维数的定常矩阵。该系统的结构框图如图 2-1 所示。

图 2-1   系统结构框图

考虑有限时间域的性能指标

$$J_2 = \frac{1}{2}\sum_{k=0}^{N}\parallel z_{2,k}\parallel^2 \tag{2-4}$$

$$J_\infty = \frac{1}{2}\sum_{k=0}^{N}(\parallel z_{\infty,k}\parallel^2 - \gamma^2\parallel w_k\parallel^2) \tag{2-5}$$

式中,N 表示有限的正整数;性能指标函数 J_2 定义了系统方程(2-1)和方程(2-2)的 H_2 范数;性能指标函数 J_∞ 定义了系统方程(2-1)和方程(2-3)的 H_∞ 范数。所以,离散时间混合 H_2/H_∞ 控制问题可以描述为:

问题 2.1:寻找跟随者的控制器 w_k 使得性能指标式(2-3)最大,寻找领导者的控制器 u_k 使得性能指标式(2-2)最小。

注 2.1:在文献[11]中,控制输入和扰动输入在纳什博弈方法中存在角色对称性,两者的控制器同时得出,但是真正意义下的混合 H_2/H_∞ 控制问题需要进行两步优化。本章中扰动输入和控制输入之间存在层级性,我们将混合 H_2/H_∞ 控制问题转化为领导者-跟随者 Stackelberg 博弈问题,将控制输入视为领导者,将扰动输入视为跟随者。

2.1.2   优化方法

在本节中,我们对 H_2 控制和 H_∞ 控制分别进行优化。首先,考虑 H_∞ 控制的优化过程,在该优化过程中将得到跟随者的控制器。

$$\max_{w_k} J_\infty \quad \text{s.t.} \quad x_{k+1} = Ax_k + B_1 u_k + B_2 w_k \tag{2-6}$$

将输出方程 $z_{\infty,k}$ 代入性能指标 J_∞,得到

$$J_\infty = \frac{1}{2}\sum_{k=0}^{N}(x_k'C_\infty'C_\infty x_k + 2x_k'C_\infty'D_{\infty,1}u_k + 2x_k'C_\infty'D_{\infty,2}w_k + u_k'D_{\infty,1}'D_{\infty,1}u_k +$$

$$2u_k'D_{\infty,1}'D_{\infty,2}w_k + w_k'D_{\infty,2}'D_{\infty,2}w_k - \gamma^2\parallel w_k\parallel^2) \tag{2-7}$$

引入伴随状态 p_k,并且定义如下的哈密尔顿函数:

$$H_k^\infty = \frac{1}{2}(\parallel z_{\infty,k}\parallel^2 - \gamma^2\parallel w_k\parallel^2) + p_k'(Ax_k + B_1 u_k + B_2 w_k)$$

$$= \frac{1}{2}(x_k'C_\infty'C_\infty x_k + 2x_k'C_\infty'D_{\infty,1}u_k + 2x_k'C_\infty'D_{\infty,2}w_k + u_k'D_{\infty,1}'D_{\infty,1}u_k +$$

$$2u'_k D'_{\infty,1} D_{\infty,2} w_k + w'_k D'_{\infty,2} D_{\infty,2} w_k - \gamma^2 \parallel w_k \parallel^2) + p'_k (Ax_k + B_1 u_k + B_2 w_k) \tag{2-8}$$

式中，p_k 具有适当的维数。

基于极大值原理，得到跟随者的最优控制器满足如下的必要条件：

$$p_{k-1} = A'p_k + C'_\infty z_{\infty,k}, p_N = 0 \tag{2-9}$$

$$0 = B'_2 p_k + D'_{\infty,2} z_{\infty,k} - \gamma^2 w_k \tag{2-10}$$

由于控制输入 u_k 的介入，导致经典的 H_2 控制中状态变量 x_k 和伴随状态 p_k 之间的齐次关系被打破，因此我们引入新的伴随状态 η_k^1 来描述状态 x_k 与伴随状态 p_k 之间的非齐次关系：

$$\eta_k^1 = p_k - P_{k+1}^1 x_{k+1} \tag{2-11}$$

式中，η_k^1 和 P_{k+1}^1 满足的等式将在下文给出。

将式(2-11)代入式(2-10)，平衡方程式(2-10)可被重新写为如下等式：

$$0 = B'_2 (\eta_k^1 + P_{k+1}^1 x_{k+1}) + D'_{\infty,2} z_{\infty,k} - \gamma^2 w_k$$

$$= \lambda_{k+1}^F w_k + \begin{bmatrix} B'_2 P_{k+1}^1 & D'_{\infty,2} \end{bmatrix} \begin{bmatrix} A & B_1 \\ C_\infty & D_{\infty,1} \end{bmatrix} \begin{bmatrix} x_k \\ u_k \end{bmatrix} + B'_2 \eta_k^1 \tag{2-12}$$

式中，$\lambda_{k+1}^F = D'_{\infty,2} D_{\infty,2} + B'_2 P_{k+1}^1 B_2 - \gamma^2 I$。

引理 2.1：如果问题 2.1 存在唯一解，那么矩阵 λ_{k+1}^F 在任意时刻 $k=0,1,\cdots,N$ 都是负定的。

证明：结合式(2-1)和式(2-9)，得到

$$\langle x_i, p_{i-1} \rangle - \langle x_{i+1}, p_i \rangle$$

$$= x'_i (A'p_i + C'_\infty z_{\infty,i}) - (Ax_i + B_1 u_i + B_2 w_i)' p_i$$

$$= (z_{\infty,i} - D_{\infty,1} u_i - D_{\infty,2} w_i)' z_{\infty,i} - u'_i B'_1 p_i - w'_i B'_1 p_i$$

$$= \parallel z_{\infty,i} \parallel^2 - \gamma^2 \parallel w_i \parallel^2 - \langle u_i, B'_1 p_i + D'_{\infty,1} z_{\infty,i} \rangle \tag{2-13}$$

对上式左右两边同时从 0~N 求和，得到以下等式：

$$\langle x_0, p_{-1} \rangle = \sum_{i=0}^N \left[\parallel z_{\infty,i} \parallel^2 - \gamma^2 \parallel w_i \parallel^2 - u'_i (B'_1 p_i + D'_{\infty,1} z_{\infty,i}) \right] \tag{2-14}$$

式中，$p_N = P_{N+1}^1 x_{N+1} = 0 (P_{N+1}^1 = 0)$。取 $u_k = 0, \forall k$，此时得到一个传统的线性二次型表达式来辅助求得问题的最优性能指标。由该问题的解的存在性可知式(2-14)是负定的，所以容易得到 P_0^1 也是负定的。

$$\sum_{i=0}^N (\parallel z_{\infty,i} \parallel^2 - \gamma^2 \parallel w_i \parallel^2) = \langle x_0, p_{-1} \rangle = \langle x_0, P_0^1 x_0 \rangle \tag{2-15}$$

现在选取 $x_0 = 0, w_i = 0, i > 0$ 和 $w_0 \neq 0$，已知初始状态 $x_1 = B_2 w_0$。现在式(2-15)可以写为

$$\sum_{i=0}^N (\parallel z_{\infty,i} \parallel^2 - \gamma^2 \parallel w_i \parallel^2)$$

$$= \| z_{\infty,0} \|^2 + \sum_{i=1}^{N} \| z_{\infty,i} \|^2 - \sum_{i=0}^{N} \gamma^2 \| w_i \|^2$$

$$= \| z_{\infty,0} \|^2 + \langle x_1, P_1^1 x_1 \rangle - \gamma^2 \| w_0 \|^2$$

$$= \| D_{\infty,2} w_0 \|^2 + \langle x_1, P_1^1 x_1 \rangle - \gamma^2 \| w_0 \|^2$$

$$= w_0' D_{\infty,2}' D_{\infty,2} w_0 + w_0' B_2' P_1^1 B_2 w_0 - w_0' \gamma^2 w_0$$

$$= w_0' (D_{\infty,2}' D_{\infty,2} + B_2' P_1^1 B_2 - \gamma^2 I) w_0 \tag{2-16}$$

对于任意输入 w，J_∞ 都是半负定的，当 $u=0$ 并且 $w=0$ 时，J_∞ 取得极大值 0。对于标准的 H_∞ 控制问题 $\max_w \{\min_u \| z_{\infty,k} \|^2 - \gamma^2 \| w_k \|^2\}$，对于给定的 γ 和任意的初始值 x_0，都存在唯一解。问题有唯一解意味着对于任意非零初始值 w_0 都能使得系统的性能指标 J_∞ 小于 0。所以上式当 $w_0 \neq 0$ 时，其取值是负定的。因此，$\lambda_1^F = D_{\infty,2}' D_{\infty,2} + B_2' P_1^1 B_2 - \gamma^2 I < 0$。假设初始时间为 $k = k_0 (1 \leqslant k_0 < N)$ 时，不等式 $\lambda_{k_0+1}^F < 0$ 成立。因此，当 $k = k_0+1$ 时，该不等式依然成立。证毕。

根据以上引理得到的结论，可以得到跟随者的最优控制器

$$w_k = -(\lambda_{k+1}^F)^{-1} [(B_2' P_{k+1}^1 A + D_{\infty,2}' C_\infty) x_k + (B_2' P_{k+1}^1 B_1 + D_{\infty,2}' D_{\infty,1}) u_k + B_2' \eta_k^1] \tag{2-17}$$

为了简化描述，做如下定义

$$w_k = \widetilde{S}_k x_k + \widetilde{M}_k u_k + \widetilde{N}_k \eta_k^1$$

其中，

$$\widetilde{S}_k = -(\lambda_{k+1}^F)^{-1} (B_2' P_{k+1}^1 A + D_{\infty,2}' C_\infty)$$

$$\widetilde{M}_k = -(\lambda_{k+1}^F)^{-1} (B_2' P_{k+1}^1 B_1 + D_{\infty,2}' D_{\infty,1})$$

$$\widetilde{N}_k = -(\lambda_{k+1}^F)^{-1} B_2'$$

将 w_k 代入式(2-1)～式(2-3)后得到

$$x_{k+1} = \widetilde{A}_k x_k + \widetilde{B}_{1k} u_k + \widetilde{B}_{2k} \eta_k^1 \tag{2-18}$$

$$z_{2,k} = \widetilde{C}_k x_k + \widetilde{D}_{1k} u_k + \widetilde{D}_{2k} \eta_k^1 \tag{2-19}$$

$$z_{\infty,k} = \bar{C}_k x_k + \bar{D}_{1k} u_k + \bar{D}_{2k} \eta_k^1 \tag{2-20}$$

其中，

$$\widetilde{A}_k = A + B_2 \widetilde{S}_k, \quad \widetilde{B}_{1k} = B_1 + B_2 \widetilde{M}_k, \quad \widetilde{B}_{2k} = B_2 \widetilde{N}_k, \quad \widetilde{C}_k = C_2 + D_{2,2} \widetilde{S}_k,$$

$$\widetilde{D}_{1k} = D_{2,1} + D_{2,2} \widetilde{M}_k, \quad \widetilde{D}_{2k} = D_{2,2} \widetilde{N}_k, \quad \bar{C}_k = C_\infty + D_{\infty,2} \widetilde{S}_k,$$

$$\bar{D}_{1k} = D_{\infty,1} + D_{\infty,2} \widetilde{M}_k, \quad \bar{D}_{2k} = D_{\infty,2} \widetilde{N}_k。$$

引理 2.2：式(2-11)中的伴随状态 η_{k-1}^1 满足下式：

$$\eta_{k-1}^1 = (C_\infty' \bar{D}_{1k} + A' P_{k+1}^1 \widetilde{B}_{1k}) u_k + \widetilde{A}_k' \eta_k^1 \tag{2-21}$$

同时,矩阵 P_k^1 满足如下 Riccati 方程:

$$P_k^1 = C_\infty' \bar{C}_k + A' P_{k+1}^1 \tilde{A}_k \tag{2-22}$$

证明:在 N 时刻,式(2-11)满足终端条件 $p_N = P_{N+1}^1 x_{N+1}$,即 $\eta_N^1 = 0$。当式(2-11)在 k 时刻成立时,$p_k = P_{k+1}^1 x_{k+1} + \eta_k^1$,其中 η_k^1 和 P_{k+1}^1 分别满足式(2-21)和式(2-22)。当式(2-11)在 $k-1$ 时刻成立时,将式(2-17)和式(2-11)代入式(2-9),得到

$$
\begin{aligned}
p_{k-1} &= C_\infty' z_{\infty,k} + A'(\eta_k^1 + P_{k+1}^1 x_{k+1}) \\
&= C_\infty'(\bar{C}_k x_k + \bar{D}_{1k} u_k + \bar{D}_{2k} \eta_k^1) + A'[\eta_k^1 + P_{k+1}^1(\tilde{A}_k x_k + \tilde{B}_{1k} u_k + \tilde{B}_{2k} \eta_k^1)] \\
&= (C_\infty' \bar{C}_k + A' P_{k+1}^1 \tilde{A}_k) x_k + (C_\infty' \bar{D}_{1k} + A' P_{k+1}^1 \tilde{B}_{1k}) u_k + \tilde{A}_k' \eta_k^1 \tag{2-23}
\end{aligned}
$$

即,式(2-11)在 $k-1$ 时刻成立,并且 η_{k-1}^1 和 P_k^1 分别满足式(2-21)和式(2-22)。证毕。

接下来,考虑 H_2 控制的优化过程,在该优化过程中将得到领导者的控制器。将上述过程中得到的 w_k 的表达式代入性能指标 J_2,得到

$$
\begin{aligned}
2J_2 = \sum_{k=0}^{N} (&x_k' \tilde{C}_k' \tilde{C}_k x_k + 2x_k' \tilde{C}_k' \tilde{D}_{1k} u_k + 2x_k' \tilde{C}_k' \tilde{D}_{2k} \eta_k^1 + 2u_k' \tilde{D}_{1k}' \tilde{D}_{2k} \eta_k^1 + \\
&u_k' \tilde{D}_{1k}' \tilde{D}_{1k} u_k + \eta_k^{1'} \tilde{D}_{2k}' \tilde{D}_{2k} \eta_k^1) \tag{2-24}
\end{aligned}
$$

领导者的优化问题可以描述为

$$\min_{u_k} J_2 \quad \text{s.t. 式(2-14) 和式(2-17)} \tag{2-25}$$

同理,定义如下哈密尔顿函数:

$$
\begin{aligned}
H_k^2 = \frac{1}{2}(&x_k' \tilde{C}_k' \tilde{C}_k x_k + 2x_k' \tilde{C}_k' \tilde{D}_{1k} u_k + 2x_k' \tilde{C}_k' \tilde{D}_{2k} \eta_k^1 + 2u_k' \tilde{D}_{1k}' \tilde{D}_{2k} \eta_k^1 + \\
&u_k' \tilde{D}_{1k}' \tilde{D}_{1k} u_k + \eta_k^{1'} \tilde{D}_{2k}' \tilde{D}_{2k} \eta_k^1) + \alpha_k'(\tilde{A}_k x_k + \tilde{B}_{1k} u_k + \tilde{B}_{2k} \eta_k^1) + \beta_k'[(C_\infty' \bar{D}_{1k} + \\
&A' P_{k+1}^1 \tilde{B}_{1k}) u_k + \tilde{A}_k' \eta_k^1]
\end{aligned}
$$

应用极大值原理,领导者的最优控制器满足如下的必要条件:

$$\alpha_{k-1} = \tilde{A}_k' \alpha_k + \tilde{C}_k' z_{2,k} \tag{2-26}$$

$$\beta_{k+1} = \tilde{B}_{2k}' \alpha_k + \tilde{A}_k \beta_k + \tilde{D}_{2k}' z_{2,k} \tag{2-27}$$

$$0 = \tilde{B}_{1k}' \alpha_k + \tilde{D}_{1k}' \tilde{C}_k x_k + \tilde{D}_{1k}' \tilde{D}_{1k} u_k + \tilde{D}_{1k}' \tilde{D}_{2k} \eta_k^1 + (C_\infty' \bar{D}_{1k} + A' P_{k+1}^1 \tilde{B}_{1k})' \beta_k \tag{2-28}$$

式中,α_k 和 β_k 是具有适当维数的向量,并且 $\alpha_N = 0, \beta_0 = 0$。

运用与 H_2 优化过程相似的方法,引入一个新的伴随状态 η_{k-1}^2 来描述状态 x_k 和 α_k 之间的非齐次关系:

$$\eta_{k-1}^2 = \alpha_{k-1} - P_k^2 x_k \tag{2-29}$$

式中,η_{k-1}^2 和 P_k^2 满足的方程将在以下引理中给出。

引理 2.3:伴随状态 η_{k-1}^2 和矩阵 P_k^2 分别满足以下方程:

$$\eta_{k-1}^2 = (\widetilde{A}_k' P_{k+1}^2 \widetilde{B}_{1k} + \widetilde{C}_k' \widetilde{D}_{1k}) u_k + (\widetilde{A}_k' P_{k+1}^2 \widetilde{B}_{2k} + \widetilde{C}_k' \widetilde{D}_{2k}) \eta_k^1 + \widetilde{A}_k' \eta_k^2 \quad (2\text{-}30)$$

$$P_k^2 = \widetilde{A}_k' P_{k+1}^2 \widetilde{A}_k + \widetilde{C}_k' \widetilde{C}_k \quad (2\text{-}31)$$

证明： 当时刻 k 取为 $N+1$ 时，满足 $\alpha_N = P_{N+1}^2 x_{N+1}$，即 $\eta_N^2 = 0$。假设在时刻 k 时式(2-29)成立，那么有 $\alpha_k = P_{k+1}^2 x_{k+1} + \eta_k^2$。将 $\alpha_k = P_{k+1}^2 x_{k+1} + \eta_k^2$ 代入式(2-26)，得到

$$\begin{aligned}
\alpha_{k-1} &= \widetilde{A}_k' \alpha_k + \widetilde{C}_k' (\widetilde{C}_k x_k + \widetilde{D}_{1k} u_k + \widetilde{D}_{2k} \eta_k^1) \\
&= (\widetilde{A}_k' P_{k+1}^2 \widetilde{A}_k + \widetilde{C}_k' \widetilde{C}_k) x_k + (\widetilde{A}_k' P_{k+1}^2 B_{1k} + \widetilde{C}_k' \widetilde{D}_{1k}) u_k + (\widetilde{A}_k' P_{k+1}^2 B_{2k} + \\
&\quad \widetilde{C}_k' \widetilde{D}_{2k}) \eta_k^1 + \widetilde{A}_k' \eta_k^2 \\
&= P_k^2 x_k + \eta_{k-1}^2
\end{aligned}$$

这说明式(2-29)在时刻 $k-1$ 时是成立的。所以，得到式(2-30)和式(2-31)。证毕。

考虑如上的迭代关系，将式(2-28)重新写为如下形式：

$$\begin{aligned}
0 = \widetilde{B}_{1k}' \eta_k^2 + (\widetilde{D}_{1k}' \widetilde{C}_k + \widetilde{B}_{1k} P_{k+1}^2 \widetilde{A}_k) x_k + \lambda_{k+1}^L u_k + (\widetilde{D}_{1k}' \widetilde{D}_{2k} + \widetilde{B}_{1k} P_{k+1}^2 \widetilde{B}_{2k}) \eta_k^1 + \\
(C_\infty' \overline{D}_{1k} + A' P_{k+1}^1 \widetilde{B}_{1k}) \beta_k
\end{aligned} \quad (2\text{-}32)$$

式中 $\lambda_{k+1}^L = \widetilde{D}_{1k}' \widetilde{D}_{1k} + \widetilde{B}_{1k}' P_{k+1}^2 \widetilde{B}_{1k}$。为了得到控制器 u_k 的显式解，接下来讨论矩阵 λ_{k+1}^L 的可逆性。

引理 2.4： 如果该优化问题存在唯一解，那么矩阵 λ_{k+1}^L 对于任意的 $k = 0, 1, \cdots, N$ 是严格正定的。

证明： 联立式(2-21)和式(2-27)，得到

$$\begin{aligned}
&\langle \eta_{i-1}^1, \beta_i \rangle - \langle \eta_i^1, \beta_{i+1} \rangle \\
&= u_i' (\overline{D}_{1i}' C_\infty + \widetilde{B}_{1i}' P_{i+1}^1 A) \beta_i + \eta_i^{1'} (-\widetilde{B}_{2i}' \alpha_k - \widetilde{D}_{2i}' \widetilde{C}_i x_i - \widetilde{D}_{2i}' \widetilde{D}_{1i} u_i - \widetilde{D}_{2i}' \widetilde{D}_{2i} \eta_i^1)
\end{aligned} \quad (2\text{-}33)$$

联立式(2-18)和式(2-26)，那么

$$\begin{aligned}
&\langle x_i, \alpha_{i-1} \rangle - \langle x_{i+1}, \alpha_i \rangle \\
&= x' \widetilde{C}_i' \widetilde{C}_i x_i + x' \widetilde{C}_i' \widetilde{D}_{1i} u_i + 2 x' \widetilde{C}_i' \widetilde{D}_{2i} \eta_i^1 - u_i' \widetilde{B}_{1i}' \alpha_i + \eta_{i-1}^{1'} \beta_i - \\
&\quad \eta_i^{1'} \beta_{i+1} + \eta_i^{1'} \widetilde{D}_{2i}' \widetilde{D}_{1i} u_i - u_i' (\widetilde{D}_{1i}' C_\infty' + B_{1i}' P_{i+1}^1 A) \beta_i + \eta_i^{1'} \widetilde{D}_{2i}' \widetilde{D}_{2i} \eta_i^1
\end{aligned}$$

对上式左右两边从 $k \sim N$ 求和，得到

$$\sum_{i=k}^{N} x' \widetilde{C}_i' \widetilde{C}_i x_i + 2 x' \widetilde{C}_i' \widetilde{D}_{2i} \eta_i^1 + \eta_i^{1'} \widetilde{D}_{2i}' \widetilde{D}_{2i} \eta_i^1$$

$$= x' \alpha_{k-1} - \eta_{k-1}^{1'} \beta_k + \sum_{i=k}^{N} [u_i' (\overline{D}_{1i}' C_\infty' + \widetilde{B}_{1i}' P_{i+1}^1 A) \beta_i + \widetilde{B}_{1i}' \alpha_i - \widetilde{D}_{1i}' \widetilde{C}_i x_i - \widetilde{D}_{1i}' \widetilde{D}_{2i} \eta_i^1]$$

注意到 $\alpha_N = P_{N+1}^2 x_{N+1} = 0 (P_{N+1}^2 = 0)$。令上式中 $k = 0$ 并且代入到性能指标函数

J_2 中,再联立式(2-18)和式(2-29),得到

$$2J_2 = x'_0\alpha_{-1} - \eta^{1'}_{-1}\beta_0 + \sum_{i=k}^{N}[u'_i(\bar{D}'_{1i}C'_\infty + \tilde{B}'_{1i}P^1_{i+1}A)\beta_i + \tilde{B}'_{1i}\eta^2_i + (\tilde{B}'_{1i}P^2_{i+1}\tilde{A}_i +$$

$$\bar{D}'_{1i}\tilde{C}'_i)x_i + (\tilde{B}'_{1i}P^2_{i+1}\tilde{B}_{1i} + \tilde{D}'_{1i}\tilde{D}_{1i})u_i + (\tilde{B}'_{1i}P^2_{i+1}\tilde{B}_{2i} + \tilde{D}'_{1i}\tilde{D}_{2i})\eta^1_i]$$

$$(2\text{-}34)$$

如果 Stackelberg 的解存在且唯一,那么领导者优化问题的解也是存在且唯一的。令 $x_0=0,u_0\neq 0$,并且 $u_i=0(i>0)$,由式(2-21)得到 $\eta^1_0=0$,由式(2-30)得到 $\eta^2_0=0$,此时最优性能指标 $J_2^* = \left(\dfrac{1}{2}\right)u'_0\lambda^L_1 u_0$ 是正定的,因此 $\lambda^L_1>0$。假设在时刻 $k=k_0(1\leqslant k_0<N)$ 时,不等式 $\lambda^L_{k_0+1}>0$ 同样成立。那么,在时刻 $k=k_0+1$,不等式同样成立。所以该结论对于所有的 $0\leqslant k<N$ 都成立。证毕。

根据引理 2.4,可以得到领导者的最优控制器为

$$u_k = -(\lambda^L_{k+1})^{-1}[(\tilde{D}_{1k}\tilde{C}_k + \tilde{B}_{1k}P^2_{k+1}\tilde{A}_k)x_k + (\tilde{D}'_{1k}\tilde{D}_{2k} + \tilde{B}'_{1k}P^2_{k+1}\tilde{B}_{2k})\eta^1_k +$$

$$\tilde{B}'_{1k}\eta^2_k + (C'_\infty\bar{D}_{1k} + A'P^1_{k+1}\tilde{B}_{1k})'\beta_k]$$

$$(2\text{-}35)$$

以下引理给出了混合 H_2/H_∞ 控制问题的解存在且唯一的充分条件。

引理 2.5:如果 $\lambda^F_{k+1}<0$,那么跟随者的最优控制器存在且唯一。

证明:联立式(2-1)和式(2-22),得到

$$x'_{k+1}P^1_{k+1}x_{k+1} - x'_kP'_kx_k$$

$$= -x'_kC'_\infty C_\infty x_k - w'_kD'_{\infty,2}D_{\infty,2}w_k + \gamma^2\|w_k\|^2 + w'_k\lambda^F_{k+1}w_k +$$

$$u'_kB'_1P^1_{k+1}B_1u_k + \Psi^F_{k+1}$$

$$(2\text{-}36)$$

式中

$$\Psi^F_{k+1} = x'_k(A'P^1_{k+1}B_2 + C'_\infty D_{\infty,2})(\lambda^F_{k+1})^{-1}(B'_2P^1_{k+1}A + D'_{\infty,2}C_\infty)x_k +$$

$$2x'_kA'P^1_{k+1}B_2w_k + 2u'_kB'_1P^1_{k+1}B_2w_k + 2u'_kB'_1P^1_{k+1}Ax_k$$

对式(2-36)两边从 $0\sim N$ 求和,并且将其代入式(2-7),得到

$$2J_\infty = x'_0P^1_0x_0 + \sum_{k=0}^{N}[w'_k\lambda^F_{k+1}w_k + u'_k(D'_{\infty,1}D_{\infty,1} + B'_1P^1_{k+1}B_1)u_k\Omega^F_{k+1}]$$

$$(2\text{-}37)$$

其中,

$$\Omega^F_{k+1} = x'_k(A'P^1_{k+1}B_2 + C'_\infty D_{\infty,2})(\lambda^F_{k+1})^{-1}(B'_2P^1_{k+1}A + D'_{\infty,2}C_\infty)x_k +$$

$$2x'_k(C'_\infty D_{\infty,2} + A'P^1_{k+1}B_2)w_k + 2u'_k(D'_{\infty,1}D_{\infty,2} +$$

$$B'_1P^1_{k+1}B_2)w_k + 2u'_k(D'_{\infty,1}C_\infty + B'_1P^1_{k+1}A)x_k$$

对 J_∞ 中的 w_k 求偏导,得到

$$\frac{\partial^2 J_\infty}{\partial w_k^2} = \lambda^F_{k+1}$$

如果 $\lambda_{k+1}^{\mathrm{F}}<0$，那么 $\partial^2 J_\infty/\partial w_k^2<0$。此时，$J_\infty$ 存在得最大值，且跟随者的最优解唯一。证毕。

引理 2.6：如果 $\lambda_{k+1}^{\mathrm{L}}>0$，那么领导者的最优控制器存在且唯一。

证明：运用与引理 2.5 同样的方法，得到

$$\frac{\partial^2 J_2}{\partial u_k^2}=\lambda_{k+1}^{\mathrm{L}}$$

如果 $\lambda_{k+1}^{\mathrm{L}}>0$，那么 $\partial^2 J_2/\partial u_k^2>0$。此时 J_2 存在最小值，领导者的最优控制器存在且唯一。证毕。

由于后向变量 η_k^1 和 η_k^2 的存在，得到的控制器 u_k 是非因果的。通过对前向变量和后向变量的处理得到具有因果性的解。定义 $\eta_{k-1}=\begin{bmatrix} \eta_{k-1}^{1'} & \eta_{k-1}^{2'} \end{bmatrix}'$，$\delta_k=\begin{bmatrix} \beta_k' & x_k' \end{bmatrix}$。联立式(2-18)，式(2-21)，式(2-27)以及式(2-29)，得到

$$\eta_{k-1}=C_k'\eta_k+F_ku_k \tag{2-38}$$

$$\delta_{k+1}=C_k\delta_k-D_k\eta_k+E_ku_k \tag{2-39}$$

其中，

$$C_k=\begin{bmatrix} \widetilde{A}_k & \widetilde{B}_{2k}'P_{k+1}^2\widetilde{A}_k+\widetilde{D}_{2k}'\widetilde{C}_k \\ 0 & \widetilde{A}_k \end{bmatrix}, \quad E_k=\begin{bmatrix} \widetilde{D}_{2k}\widetilde{D}_{1k}+\widetilde{B}_{2k}'P_{k+1}^2\widetilde{B}_{1k} \\ \widetilde{B}_{1k} \end{bmatrix},$$

$$D_k=\begin{bmatrix} -(\widetilde{B}_{2k}'P_{k+1}^2\widetilde{B}_{2k}+\widetilde{D}_{2k}\widetilde{D}_{2k}) & -\widetilde{B}_{2k}' \\ -\widetilde{B}_{2k} & 0 \end{bmatrix}, \quad F_k=\begin{bmatrix} A'P_{k+1}^1\widetilde{B}_{1k}+C_\infty'\overline{\widetilde{D}_{1k}} \\ \widetilde{A}_k'P_{k+1}^2\widetilde{B}_{1k}+\widetilde{C}_k'\widetilde{D}_{1k} \end{bmatrix}$$

结合引理 2.1 和引理 2.4，跟随者的控制器式(2-17)和领导者的控制器式(2-35)可以分别写为

$$w_k=-(\lambda_{k+1}^{\mathrm{F}})^{-1}\big[\begin{bmatrix} 0 & B_2'P_{k+1}^1A \end{bmatrix}+D_{\infty,2}'C_\infty\big]\delta_k+(B_2'P_{k+1}^1B_1+D_{\infty,2}'D_{\infty,1})u_k+\begin{bmatrix} 0 & B_2' \end{bmatrix}\eta_k\big] \tag{2-40}$$

$$u_k=-(\lambda_{k+1}^{\mathrm{L}})^{-1}(F_k'\delta_k+E_k'\eta_k) \tag{2-41}$$

将式(2-41)代入式(2-38)和式(2-39)，得到如下的齐次哈密尔顿-雅可比方程

$$\delta_{k+1}=(C_k-E_k(\lambda_{k+1}^{\mathrm{L}})^{-1}F_k')\delta_k-(D_k+E_k(\lambda_{k+1}^{\mathrm{L}})^{-1}E_k')\eta_k \tag{2-42}$$

$$\eta_{k-1}=(C_k'-F_k(\lambda_{k+1}^{\mathrm{L}})^{-1}E_k')\eta_k-F_k(\lambda_{k+1}^{\mathrm{L}})^{-1}F_k'\delta_k \tag{2-43}$$

其中，初始条件 $\delta_0=\begin{bmatrix} 0 & x_0 \end{bmatrix}'$，终端条件 $\eta_N=0$。

引理 2.7：变量 η_{k-1} 和 δ_k 之间存在齐次关系

$$\eta_{k-1}=\Delta_k\delta_k \tag{2-44}$$

式中，Δ_k 是一个对称矩阵，可以用如下的 Riccati 方程来表示：

$$\Delta_k=(C_k'-F_k(\lambda_{k+1}^{\mathrm{L}})^{-1}E_k')\Delta_{k+1}\big[I+(D_k+E_k(\lambda_{k+1}^{\mathrm{L}})^{-1}E_k')\Delta_{k+1}\big]^{-1}\times$$
$$(C_k-E_k(\lambda_{k+1}^{\mathrm{L}})^{-1}F_k')-F_k(\lambda_{k+1}^{\mathrm{L}})^{-1}F_k', \quad \Delta_{N+1}=0 \tag{2-45}$$

同时，δ_k 满足如下等式：

$$\delta_{k+1}=[I+(D_k+E_k(\lambda^{\mathrm{L}}_{k+1})^{-1}E'_k)\Delta_{k+1}]^{-1}(C_k-E_k(\lambda^{\mathrm{L}}_{k+1})^{-1}F'_k)\delta_k \quad (2\text{-}46)$$

式中，$\delta_0=[\,0\quad x_0\,]'$。

证明： 假设式(2-44)在时刻 k 成立，即 $\eta_k=\Delta_{k+1}\delta_{k+1}$。根据上文的结论 $\eta_N=0$，那么 $\eta_N=\Delta_{N+1}\delta_{N+1}=0$，其中 $\Delta_{N+1}=0$。联立式(2-42)式(2-43)，得到

$$\begin{bmatrix} I & 0 & D_k+E_k(\lambda^{\mathrm{L}}_{k+1})^{-1}E'_k \\ 0 & I & -(C'_k-F_k(\lambda^{\mathrm{L}}_{k=1})^{-1}E'_k) \\ -\Delta_{k+1} & 0 & I \end{bmatrix}\begin{bmatrix} \delta_{k+1} \\ \eta_{k-1} \\ \eta_k \end{bmatrix}=\begin{bmatrix} C_k-E_k(\lambda^{\mathrm{L}}_{k+1})^{-1}F'_k \\ -F_k(\lambda^{\mathrm{L}}_{k+1})^{-1}F'_k\delta_k \\ 0 \end{bmatrix}$$

$$(2\text{-}47)$$

因为 $\eta_k=\Delta_{k+1}\delta_{k+1}$，所以式(2-47)存在唯一解，同时开环 Stackelberg 策略存在且唯一。系统方程(2-42)和方程(2-43)的解存在且唯一。根据矩阵非奇异变换等式 $(I+WV)^{-1}=I-W(I+VW)^{-1}V$ 可以验证 $I+(D_k+E_k(\lambda^{\mathrm{L}}_{k+1})^{-1}E'_k)\Delta_{k+1}$ 的非奇异性。此外，式(2-42)可以写为

$$\delta_{k+1}=(C_k-E_k(\lambda^{\mathrm{L}}_{k+1})^{-1}F'_k)\delta_k-(D_k+E_k(\lambda^{\mathrm{L}}_{k+1})^{-1}E'_k)\Delta_{k+1}\delta_{k+1}$$

将上式经过简单变换可以得到式(2-46)成立。

将 $\eta_k=\Delta_{k+1}\delta_{k+1}$ 以及式(2-46)代入式(2-43)，得到

$$\eta_{k-1}=[(C'_k-F_k(\lambda^{\mathrm{L}}_{k+1})^{-1}E'_{k+1})\Delta_{k+1}[I+(D_k+E_k(\lambda^{\mathrm{L}}_{k+1})^{-1}E'_k)\Delta_{k+1}]^{-1}\times$$

$$(C_k-E_k(\lambda^{\mathrm{L}}_{k+1})^{-1}F'_k)-F_k(\lambda^{\mathrm{L}}_{k+1})^{-1}F'_k]\delta_k$$

将上式与式(2-44)比较，得到式(2-45)在 $k-1$ 时成立。

下面来验证 Δ_k 的对称性。显然当 $k=N+1$ 时，Δ_{N+1} 是对称的，假设 Δ_{k+1} 也是对称的，那么接下来验证 Δ_k 的对称性。应用矩阵非奇异变换，得到如下等式：

$$[I+(D_k+E_k(\lambda^{\mathrm{L}}_{k+1})^{-1}E'_k)\Delta_{k+1}]^{-1}\Delta_{k+1}$$

$$=[I-\Delta_{k+1}[I+(D_k+E_k(\lambda^{\mathrm{L}}_{k+1})^{-1}E'_k)\Delta_{k+1}]^{-1}(D_k+E_k(\lambda^{\mathrm{L}}_{k+1})^{-1}E'_k)]\Delta_{k+1}$$

$$=\Delta_{k+1}[I+(D_k+E_k(\lambda^{\mathrm{L}}_{k+1})^{-1}E'_k)\Delta_{k+1}]^{-1}$$

对式(2-45)两边求转置，得到

$$\Delta'_k=(C'_k-F_k(\lambda^{\mathrm{L}}_{k+1})^{-1}E'_k)[I+\Delta_{k+1}(D_k+E(\lambda^{\mathrm{L}}_{k+1})^{-1}E'_k)]^{-1}\times$$

$$\Delta_{k+1}(C_k-E_k(\lambda^{\mathrm{L}}_{k+1})^{-1}F'_k)-F_k(\lambda^{\mathrm{L}}_{k+1})^{-1}F'_k$$

上式右边等于 Δ_k。证毕。

定理 2.1： 动态方程式(2-1)～式(2-3)和性能指标函数式(2-4)～式(2-5)描述的混合 H_2/H_∞ 控制问题具有唯一的开环解，当且仅当在任意时刻 $k=0,1,\cdots,N$，$\lambda^{\mathrm{F}}_{k+1}$ 是严格负定的并且 $\lambda^{\mathrm{L}}_{k+1}$ 是严格正定的，其中 P^1_{k+1}，P^2_{k+1} 分别是式(2-22)和式(2-31)的解。唯一的开环解可以表示为

$$u_k=-(\lambda^{\mathrm{L}}_{k+1})^{-1}\widetilde{G}^{\mathrm{u}}_{k+1}\delta_k \quad (2\text{-}48)$$

$$w_k = -(\lambda_{k+1}^{\mathrm{F}})^{-1} \widetilde{G}_{k+1}^{\mathrm{w}} \delta_k \tag{2-49}$$

最优性能指标为

$$J_\infty = \frac{1}{2} x_0' (P_0^1 + \Delta_0^{12} + \Delta_0^{12'} + \Theta^{22}) x_0 \tag{2-50}$$

$$J_2 = \frac{1}{2} x_0' (P_0^2 + \Delta_0^{22}) x_0 \tag{2-51}$$

其中，

$$\widetilde{G}_{k+1}^{\mathrm{u}} = F_k' + E_k' \Delta_{k+1} [I + (D_k + E_k (\lambda_{k+1}^{\mathrm{L}})^{-1} E_k') \Delta_{k+1}]^{-1} \times (C_k - E_k (\lambda_{k+1}^{\mathrm{L}})^{-1} F_k')$$

$$\widetilde{G}_{k+1}^{\mathrm{w}} = [0 \quad B_2' P_{k+1}^1 A + D_{\infty,2}' C_\infty] - (B_2' P_{k+1}^1 B_1 + D_{\infty,2}' D_{\infty,1}) \times (\lambda_{k+1}^{\mathrm{L}})^{-1} \widetilde{G}_{k+1}^{\mathrm{u}} +$$

$$[0 \quad B_2']' \Delta_{k+1} [I + (D_k + E_k (\lambda_{k+1}^{\mathrm{L}})^{-1} E_k') \Delta_{k+1}]^{-1} (C_k - E_k (\lambda_{k+1}^{\mathrm{L}})^{-1} F_k')$$

定义 Δ_0^{12} 是矩阵 Δ_0 的第一行第二列，定义 Θ^{22} 是 Θ 的第二行第二列。Θ 有如下定义：

$$\Theta = -\sum_{k=0}^N [-\Phi_{k-1,0}' \widetilde{G}_{k+1}^{\mathrm{w}'} (\lambda_{k+1}^{\mathrm{L}})^{-1} \widetilde{B}_{1k}' [I \quad 0] \Delta_{k+1} \Phi_{k,0} - \Phi_{k,0}' \Delta_{k+1} [1 \quad 0]' \times$$

$$\widetilde{B}_{1k} (\lambda_{k+1}^{\mathrm{L}})^{-1} \widetilde{G}_{k+1}^{\mathrm{w}} \Phi_{k-1,0} + \Phi_{k-1,0}' \widetilde{G}_{k+1}^{\mathrm{w}'} (\lambda_{k+1}^{\mathrm{L}})^{-1} (B_2' P_{k+1}^1 \widetilde{B}_{1k} + D_2' \widetilde{D}_k) \times$$

$$(\lambda_{k+1}^{\mathrm{L}})^{-1} \widetilde{G}_{k+1}^{\mathrm{w}} \Phi_{k-1,0} - \Phi_{k,0}' L_{k+1}' [1 \quad 0]' B_1 (\lambda_{k+1}^{\mathrm{F}})^{-1} B_1' [I \quad 0] \Delta_{k+1} \Phi_{k,0}]$$

式中，$\Phi_{i,j} = \Gamma_i \cdots \Gamma_j$，$i \geqslant j$；$\Gamma_i = [I + (D_k + E_k (\lambda_{k+1}^{\mathrm{L}})^{-1} E_k') \Delta_{k+1}]^{-1} (C_k - E_k (\lambda_{k+1}^{\mathrm{L}})^{-1} F_k')$。

证明： 引理 2.1～引理 2.4 给出了该问题有解的必要条件，引理 2.5、引理 2.6 给出了问题有解的充分条件。现在，我们给出得到最优性能指标的过程及相关的证明。联立式(2-11)，式(2-18)和式(2-21)，得到

$$J_\infty = \frac{1}{2} x_0' p_{-1} + \frac{1}{2} \sum_{i=0}^N u_i' (B_1' p_i + D_{\infty,1}' z_{\infty,i})$$

其中，

$$u_i' (B_1' p_i + D_{\infty,1}' z_{\infty,i}) = \eta_{i-1}^{1'} x_i - \eta_i^{1'} x_{i+1} + \eta_i^{1'} \widetilde{B}_{1k} u_i + \eta_i^{1'} \widetilde{B}_{2k} \eta_i^1 +$$

$$u_i' (B_1' P_{i+1}^1 \widetilde{B}_{1k} + D_{\infty,1}' \overline{\widetilde{D}}_{1k}) u_i + u_i' \widetilde{B}_{1k}' \eta_i^1$$

因此

$$2J_\infty = x_0' [P_0^1 x_0 + \eta_{-1}^1] + \eta_{-1}^{1'} x_0 + \sum_{i=0}^N [(\widetilde{B}_{1k} u_i)' \eta_i^1 + \eta_i^{1'} \widetilde{B}_{1k} u_i +$$

$$u_i' (B_1' P_{i+1}^1 \widetilde{B}_{1k} + D_{\infty,1}' \overline{\widetilde{D}}_{1k}) u_i + \eta_i^{1'} \widetilde{B}_{2k} \eta_i^1] \tag{2-52}$$

由式(2-46)，得到 $\delta_k = \Phi_{k-1,0} \delta_0$。所以容易得到 $u_k = -(\lambda_{k+1}^{\mathrm{L}})^{-1} \widetilde{G}_{k+1}^{\mathrm{u}} \Phi_{k-1,0} \delta_0$ 和 $\eta_k^1 = [I \quad 0] \Delta_{k+1} \Phi_{k,0} \delta_0$。将以上结果代入到式(2-52)，得到

$$2J_\infty = x_0' P_0^1 x_0 + x_0' \eta_{-1}^1 + \eta_{-1}^{1'} x_0^1 + \delta_0' \Theta \delta_0$$
$$= x_0' (P_0^1 + \Delta_0^{12} + \Delta_0^{12'} + \Theta^{22}) x_0$$

在求解 J_2 的最优性能指标时,运用和以上相似的方法,将平衡方程式(2-41)代入式(2-32),得到

$$2J_2 = x_0' \alpha_{-1} - \eta_{-1}^{1'} \beta_0$$
$$= x_0' (P_0^2 + \Delta_0^{22}) x_0 \qquad (2\text{-}53)$$

证毕。

注 2.2:文献[11]中运用纳什博弈方法得到四个耦合的 Riccati 方程来求解混合 H_2/H_∞ 控制问题的解。作为比较,我们通过求解三个解耦且对称的 Riccati 方程来得到问题的解,无论在技术上还是计算量上都得到了改进。

2.2 连续时间系统 LQ 控制

本节将离散时间系统混合 H_2/H_∞ 控制问题的 Stackelberg 博弈方法推广应用到连续时间系统混合 H_2/H_∞ 控制中。

2.2.1 问题描述

考虑如下的连续时间系统:

$$\dot{x}(t) = Ax(t) + B_1 u(t) + B_2 w(t) \qquad (2\text{-}54)$$
$$z_2(t) = C_2 x(t) + D_{2,1} u(t) + D_{2,2} w(t) \qquad (2\text{-}55)$$
$$z_\infty(t) = C_\infty x(t) + D_{\infty,1} u(t) + D_{\infty,2} w(t) \qquad (2\text{-}56)$$

式中,A,B_i,C_j 和 D_j($i=1,2$; $j=2,\infty$)是具有合适维数的矩阵;$x(t) \in \tilde{\mathbb{R}}^n$ 是状态,$z_2(t) \in \tilde{\mathbb{R}}^r$ 和 $z_\infty(t) \in \tilde{\mathbb{R}}^l$ 是输出;$u(t) \in \tilde{\mathbb{R}}^s$ 是控制输入,同时可以被当作领导者的输入;$w(t) \in \tilde{\mathbb{R}}^m$ 是系统的扰动,可以被当作跟随者的输入。

性能指标具有如下形式:

$$J_2 = \frac{1}{2} \int_0^T \| z_2(t) \|^2 \mathrm{d}t \qquad (2\text{-}57)$$

$$J_\infty = \frac{1}{2} \int_0^T (\| z_\infty(t) \|^2 - \gamma^2 \| w(t) \|^2) \mathrm{d}t \qquad (2\text{-}58)$$

式中,$\| z_2(t) \|^2 = z_2(t)' \cdot z_2(t)$,$\| z_\infty(t) \|^2 = z_\infty(t)' \cdot z_\infty(t)$,$\| w(t) \|^2 = w(t)' \cdot w(t)$,$T$ 是有限的正常数。性能指标函数式(2-57)和式(2-58)分别定义了领导者和跟随者的二次型函数,并且在它们的指标函数中分别包含了两者的控制器。

假设 2.1:

$\gamma > \gamma_{\mathrm{opt}}$,其中 γ_{opt} 是在控制输入 $u(t)$ 满足文献[92]的条件下扰动输入 $w(t)$ 对输出 $z_\infty(t)$ 的映射。

注 2.3：在假设 2.1 的前提下，如果 $\gamma > \gamma_{\text{opt}}$，那么对于任意的初始状态 $(x(0),$ $w(0))$，标准的 H_∞ 控制问题 $\max\limits_{w}\min\limits_{u}\{\|z_\infty(t)\|^2 - \gamma^2\|w(t)\|^2\}$ 存在唯一解。

注 2.4：输入信号 u 和输出 z_2 定义了 H_2 范数，扰动信号 w 和输出 z_∞ 定义了 H_∞ 范数。式(2-57)定义的性能指标函数 J_2 代表 H_2 范数，在实际应用中可以代表系统的输出能量，式(2-58)定义的性能指标函数 J_∞ 代表 H_∞ 范数[44-45]。

问题 2.2：寻找 Stackelberg 策略 (u,w)，其中，w 使性能指标 J_∞ 最大，控制输入 u 使性能指标 J_2 最小。

2.2.2　优化方法

本节给出连续时间系统混合 H_2/H_∞ 控制问题的优化过程，同时给出控制器存在且唯一的充分必要条件。首先，考虑 H_∞ 的优化过程，在该过程中得到跟随者的控制器：

$$\max\limits_{w(t)} J_\infty \ \text{s.t.} \ \dot{x}(t) = Ax(t) + B_1 u(t) + B_2 w(t) \tag{2-59}$$

将性能指标 J_∞ 展开后得到以下等式：

$$J_\infty = \frac{1}{2}\int_0^T [[C_\infty x(t) + D_{\infty,1} u(t) + D_{\infty,2} w(t)]'[C_\infty x(t) +$$

$$D_{\infty,1} u(t) + D_{\infty,2} w(t)] - \gamma^2 \|w(t)\|^2]\mathrm{d}t$$

构建哈密尔顿函数，如下式所示：

$$H_\infty(t) = \frac{1}{2}[\|z_\infty(t)\|^2 - \gamma^2\|w(t)\|^2] + p(t)'[Ax(t) + B_1 u(t) + B_2 w(t)]$$

$$= \frac{1}{2}[x(t)'C_\infty' C_\infty x(t) + 2x(t)'C_\infty' D_{\infty,1} u(t) + 2x(t)'C_\infty' D_{\infty,2} w(t) +$$

$$2u(t)'D_{\infty,1}' D_{\infty,2} w(t) + w(t)'D_{\infty,2}' D_{\infty,2} w(t) + u(t)'D_{\infty,1}' D_{\infty,1} u(t) -$$

$$\gamma^2\|w(t)\|^2] + p(t)'[Ax(t) + B_1 u(t) + B_2 w(t)] \tag{2-60}$$

$$\Theta = -\sum_{k=0}^{N}[-\Phi_{k-1}'\widetilde{G}_{k+1}^{\mathrm{w}\prime}(\lambda_{k+1}^{\mathrm{L}})^{-1}\widetilde{B}_{1k}'[I \quad 0]\Delta_{k+1}\Phi_{k,0} - \Phi_{k,0}'\Delta_{k+1}[1 \quad 0]' \times$$

$$\widetilde{B}_{1k}(\lambda_{k+1}^{\mathrm{L}})^{-1}\widetilde{G}_{k+1}^{\mathrm{w}}\Phi_{k-1,0} + \Phi_{k-1,0}'\widetilde{G}_{k+1}^{\mathrm{w}\prime}(\lambda_{k+1}^{\mathrm{L}})^{-1}(B_2'P_{k+1}^1\widetilde{B}_{1k} + D_2'\widetilde{D}_k) \times$$

$$(\lambda_{k+1}^{\mathrm{L}})^{-1}\widetilde{G}_{k+1}^{\mathrm{w}}\Phi_{k-1,0} - \Phi_{k,0}'L_{k+1}'[1 \quad 0]'B_1(\lambda_{k+1}^{\mathrm{F}})^{-1}B_1'[I \quad 0]\Delta_{k+1}\Phi_{k,0}$$

式中，$p(t)$ 是具有适当维数的列向量。

运用极大值原理，得到如下的必要条件：

$$-\dot{p}(t) = A'p(t) + C_\infty' z_\infty(t), \ p(T) = 0 \tag{2-61}$$

$$0 = B_2' p(t) + D_{\infty,2}' z_\infty(t) - \gamma^2 w(t) \tag{2-62}$$

由于领导者控制器的影响，在状态 $x(t)$ 和伴随状态 $p(t)$ 之间存在非齐次关系[67-68]。通过引入一个新的伴随状态变量 $\eta_1(t)$ 来表示这种关系：

$$\eta_1(t) = p(t) - P_1(t)x(t) \tag{2-63}$$

式中，$P_1(t)$ 是 Riccati 方程的解。$\eta_1(t)$ 和 $P_1(t)$ 的定义将在下文中给出。

将式(2-63)代入式(2-62)，平衡方程式(2-62)可以重新写成如下形式：

$$0 = B_2'(\eta_1(t) + P_1(t)x(t)) + D_{\infty,2}'z_\infty(t) - \gamma^2 w(t)$$
$$= \lambda^{\mathrm{F}}w(t) + [B_2'P_1(t) + D_{\infty,2}'C_\infty]x(t) +$$
$$D_{\infty,2}'D_{\infty,1}u(t) + B_2'\eta_1(t) \tag{2-64}$$

式中，$\lambda^{\mathrm{F}} = D_{\infty,2}'D_{\infty,2} - \gamma^2 I$，$I$ 是具有适当维数的单位矩阵。优化问题式(2-59)解的唯一性意味着平衡方程式(2-64)对于任意 $t \in [0,T]$ 都是严格负定的。

通过以上分析，得到 $w(t)$ 的显式表达式

$$w(t) = -(\lambda^{\mathrm{F}})^{-1}[[B_2'P_1(t) + D_{\infty,2}'C_\infty]x(t) + D_{\infty,2}'D_{\infty,1}u(t) + B_2'\eta_1(t)] \tag{2-65}$$

引理 2.8：式(2-63)中，$P_1(t)$ 满足如下的 Riccati 方程：

$$-\dot{P}_1(t) = C_\infty'C_\infty + P_1(t)A + A'P_1(t) - [C_\infty'D_{\infty,2} + P_1(t)B_2] \times$$
$$(\lambda^{\mathrm{F}})^{-1}[D_{\infty,2}'C_\infty + B_2'P_1(t)], P_1(T) = 0 \tag{2-66}$$

$\eta_1(t)$ 满足如下方程：

$$-\dot{\eta}_1(t) = [A' - [C_\infty'D_{\infty,2} + P_1(t)B_2](\lambda^{\mathrm{F}})^{-1}B_2']\eta_1(t) + [C_\infty'D_{\infty,1} +$$
$$P_1(t)B_1 - [C_\infty'D_{\infty,2} + P_1(t)B_2](\lambda^{\mathrm{F}})^{-1}D_{\infty,2}'D_{\infty,1}]u(t) \tag{2-67}$$

式中，$\eta_1(T) = 0$。

证明：在终端时刻 T，由 $p(T) = 0$，$p(T) = P_1(T)x(T) + \eta_1(T)(P_1(T) = 0)$，得到 $\eta_1(T) = 0$。假设在时刻 T，等式 $\eta_1(t) = p(t) - P_1(t)x(t)$ 成立。

将式(2-65)和式(2-63)代入式(2-61)，得到

$$-\dot{p}(t) = A'(\eta_1(t) + P_1(t)x(t)) + C_\infty'z_\infty(t)$$
$$= C_\infty'[C_\infty x(t) + D_{\infty,1}u(t) + D_{\infty,2}w(t)] + A'\eta_1(t) + A'P_1(t)x(t)$$
$$= (C_\infty'C_\infty + A'P_1(t))x(t) + C_\infty'D_{\infty,1}u(t) + C_\infty'D_{\infty,2}w(t) + A'\eta_1(t)$$
$$= [C_\infty'C_\infty + A'P_1(t)]x(t) + C_\infty'D_{\infty,1}u(t) + A'\eta_1(t) +$$
$$C_\infty'D_{\infty,2}[-(\lambda^{\mathrm{F}})^{-1}[[B_2'P_1(t) + D_{\infty,2}'C_\infty]x(t) +$$
$$D_{\infty,2}'D_{\infty,1}u(t) + B_2'\eta_1(t)]]$$
$$= [C_{\infty,2}'C_\infty + A'P_1(t) - C_\infty'D_{\infty,2}(\lambda^{\mathrm{F}})^{-1}D_{\infty,2}'C_\infty - C_\infty'D_{\infty,2}(\lambda^{\mathrm{F}})^{-1} \times$$
$$B_2'P_1(t)]x(t) + C_\infty'[I - D_{\infty,2}(\lambda^{\mathrm{F}})^{-1}D_{\infty,2}']D_{\infty,1}u(t) +$$
$$[A' - C_\infty'D_{\infty,2}(\lambda^{\mathrm{F}})^{-1}B_2']\eta_1(t)$$

引入辅助等式 $\dot{p}(t) = \dot{P}_1(t)x(t) + P_1(t)\dot{x}(t) + \dot{\eta}_1(t)$，得到

$$-\dot{p}(t) = -\dot{P}_1(t)x(t) - P_1(t)\dot{x}(t) - \dot{\eta}_1(t)$$
$$= -\dot{P}_1(t)x(t) - P_1(t)[Ax(t) + B_1u(t) - B_2[(\lambda^{\mathrm{F}})^{-1}[(B_2'P_1(t) +$$

$$D'_{\infty,2}C_\infty)x(t) + D'_{\infty,2}D_{\infty,1}u(t) + B'_2\eta_1(t)]]] - \dot{\eta}_1(t)$$

$$= -[\dot{P}_1(t) + P_1(t)A - P_1(t)B_2(\lambda^F)^{-1}[D'_{\infty,2}C_\infty + B'_2P_1(t)]]x(t) +$$

$$P_1(t)[B_2(\lambda^F)^{-1}D'_{\infty,2}D_{\infty,1} - B_1]u(t) +$$

$$P_1(t)B_2(\lambda^F)^{-1}B'_2\eta_1(t) - \dot{\eta}_1(t)$$

通过比较,很容易得到式(2-66)和式(2-67)。证毕。

为了方便书写,做如下定义:

$$w(t) = \widetilde{S}(t)x(t) + \widetilde{M}u(t) + \widetilde{N}\eta_1(t) \tag{2-68}$$

式中,$\widetilde{S}(t) = -(\lambda^F)^{-1}(B'_2P_1(t) + D'_{\infty,2}C_\infty)$,$\widetilde{M} = -(\lambda^F)^{-1}D'_{\infty,2}D_{\infty,1}$,$\widetilde{N} = -(\lambda^F)^{-1}B'_2$。

将式(2-68)代入式(2-54)~式(2-56),得到

$$\dot{x}(t) = \widetilde{A}(t)x(t) + \widetilde{B}_1u(t) + \widetilde{B}_2\eta_1(t) \tag{2-69}$$

$$z_2(t) = \widetilde{C}(t)x(t) + \widetilde{D}_1u(t) + \widetilde{D}_2\eta_1(t) \tag{2-70}$$

$$z_\infty(t) = \overline{\widetilde{C}}(t)x(t) + \overline{\widetilde{D}}_1u(t) + \overline{\widetilde{D}}_2\eta_1(t) \tag{2-71}$$

其中,

$$\widetilde{A}(t) = A + B_2\widetilde{S}(t), \quad \widetilde{B}_1 = \widetilde{B}_1 + \widetilde{B}_2M, \quad \widetilde{B}_2 = B_2\widetilde{N}, \quad \widetilde{C}(t) = C_2 + D_{2,2}\widetilde{S}(t),$$

$$\widetilde{D}_1 = D_{2,1} + D_{2,2}\widetilde{M}, \quad \widetilde{D}_2 = D_{2,2}\widetilde{N}, \quad \overline{C}(t) = C_\infty + D_{\infty,2}\widetilde{S}(t),$$

$$\overline{\widetilde{D}}_1 = D_{\infty,1} + D_{\infty,2}\widetilde{M}, \quad \overline{\widetilde{D}}_2 = D_{\infty,2}\widetilde{N}。$$

参考上述优化跟随者控制器的方法,接下来寻求领导者的控制器。结合以上得到的等式,可以将性能指标 J_2 写为如下形式:

$$2J_2 = \int_0^T \| z^2(t) \|^2 dt$$

$$= \int_0^T [x(t)'\widetilde{C}'(t)\widetilde{C}(t)x(t) + 2x(t)'\widetilde{C}'(t)\widetilde{D}_1u(t) +$$

$$2x(t)'\widetilde{C}'(t)\widetilde{D}_2\eta_1(t) + 2u(t)'\widetilde{D}'_1\widetilde{D}_2\eta_1(t) +$$

$$u(t)'\widetilde{D}'_1\widetilde{D}_1u(t) + \eta_1(t)'\widetilde{D}'_2\widetilde{D}_2\eta_1(t)]dt \tag{2-72}$$

综合考虑上一个优化过程得到的结果,领导者的优化过程受状态 $x(t)$(式(2-69))和伴随状态变量 $\eta_1(t)$(式(2-67))两者的约束,即

$$\min_{u(t)} J_2 \text{ s.t. } 式(2-67) 和式(2-69) \tag{2-73}$$

在此优化过程中将会得到领导者的控制器。

构建哈密尔顿方程

$$H_2(t) = \frac{1}{2}[x(t)'\widetilde{C}'(t)\widetilde{C}(t)x(t) + 2x(t)'\widetilde{C}'(t)\widetilde{D}_1u(t) + 2x(t)'\widetilde{C}'(t)\widetilde{D}_2\eta_1(t) +$$

$$2u(t)'\widetilde{D}_1'\widetilde{D}_2\eta_1(t)+u(t)'\widetilde{D}_1'\widetilde{D}_1u(t)+\eta_1(t)'\widetilde{D}_2'\widetilde{D}_2\eta_1(t)]+$$

$$\alpha(t)'[\widetilde{A}(t)x(t)+\widetilde{B}_1u(t)+\widetilde{B}_2\eta_1(t)]+\beta(t)'[[A'+C_\infty'\overline{\widetilde{D}}_2+$$

$$P_1(t)\widetilde{B}_2]\eta_1(t)+[C_\infty'\overline{\widetilde{D}}_1+P_1(t)\widetilde{B}_1]u(t)] \tag{2-74}$$

运用相似的方法得到领导者的控制器满足的必要条件为

$$-\dot\alpha(t)=\widetilde{A}'(t)\alpha(t)+\widetilde{C}'(t)z^2(t) \tag{2-75}$$

$$\dot\beta(t)=\widetilde{B}_2'\alpha(t)+\widetilde{A}(t)\beta(t)+\widetilde{D}_2'z^2(t) \tag{2-76}$$

$$0=\widetilde{B}_1'\alpha(t)+\widetilde{D}_1'\widetilde{C}(t)x(t)+\widetilde{D}_1'\widetilde{D}_1u(t)+\widetilde{D}_1'\widetilde{D}_2\eta_1(t)+[C_\infty'\overline{\widetilde{D}}_1+P_1(t)\widetilde{B}_1]\beta(t) \tag{2-77}$$

式中,$\alpha(t)$ 和 $\beta(t)$ 是列向量,分别具有终端值 $\alpha(T)=0$ 和初始值 $\beta(0)=0$。

类似引理 2.8,引入新的伴随状态变量 $\eta_2(t)$ 来表示以下非齐次关系

$$\eta_2(t)=\alpha(t)-P_2(t)x(t) \tag{2-78}$$

其中,$\eta_2(t)$ 和 $P_2(t)$ 将在下面的引理中给出定义,$P_2(t)$ 是具有终端值 $P_2(T)=0$ 的李雅普诺夫方程的解。

运用迭代法,式(2-77)可以写为

$$0=\widetilde{B}_1'\eta_2(t)+[\widetilde{D}_1'\widetilde{C}(t)+\widetilde{B}_1'P_2(t)]x(t)+$$

$$\widetilde{D}_1'\widetilde{D}_1u(t)+\widetilde{D}_1'\widetilde{D}_2\eta_1(t)+[C_\infty'\overline{\widetilde{D}}_1+P_1(t)\widetilde{B}_1]'\beta(t)$$

注 2.5:优化问题式(2-73)的解的唯一性意味着任意非零初始值 $u(0)$ 都对应着正定的指标函数。显而易见,在任意时刻 $t\in[0,T]$,$\widetilde{D}_1'\widetilde{D}_1$ 是严格正定的。

因此,得到 $u(t)$ 的显式解

$$u(t)=-(\widetilde{D}_1'\widetilde{D}_1)^{-1}[\widetilde{B}_1'\eta_2(t)+[\widetilde{D}_1'\widetilde{C}(t)+\widetilde{B}_1'P_2(t)]x(t)+$$

$$\widetilde{D}_1'\widetilde{D}_2\eta_1(t)+[C_\infty'\overline{\widetilde{D}}_1+P_1(t)\widetilde{B}_1]'\beta(t)] \tag{2-79}$$

引理 2.9:式(2-78)中的矩阵 $P_2(t)$ 和伴随状态变量 $\eta_2(t)$ 分别满足以下等式:

$$-\dot P_2(t)=\widetilde{C}'(t)\widetilde{C}(t)+\widetilde{A}'(t)P_2(t)+P_2(t)\widetilde{A}(t),P_2(T)=0 \tag{2-80}$$

$$-\dot\eta_2(t)=[\widetilde{C}'(t)\widetilde{D}_1+P_2(t)\widetilde{B}_1]u(t)+[C'(t)\widetilde{D}_2+P_2(t)\widetilde{B}_2]\eta(t)+\widetilde{A}'(t)\eta_2(t),$$

$$\eta_2(T)=0 \tag{2-81}$$

证明:注意到 $\alpha(T)=0$。当 $t\in T$ 时,$\eta_2(T)=0$,式(2-78)成立。为了得到 Riccati 方程,首先展开式(2-75)

$$-\dot\alpha(t)=\widetilde{A}'(t)\alpha(t)+\widetilde{C}'(t)z^2(t)$$

$$=\widetilde{A}'(t)[\eta_2(t)+P_2(t)x(t)]+\widetilde{C}'(t)[\widetilde{C}(t)x(t)+\widetilde{D}_1u(t)+\widetilde{D}_2\eta_1(t)]$$

$$=[\widetilde{C}'(t)\widetilde{C}(t)+\widetilde{A}'(t)P_2(t)]x(t)+\widetilde{C}'(t)\widetilde{D}_1u(t)+\widetilde{C}'(t)\widetilde{D}_2\eta(t)+$$

$$\widetilde{A}'(t)\eta_2(t)$$

结合等式 $\dot{\alpha}(t) = \dot{P}_2(t)x(t) + P_2(t)\dot{x}(t) + \dot{\eta}_2(t)$，得到 $P_2(t)$ 满足的 Riccati 方程如下：

$$-\dot{P}_2(t) = \widetilde{C}'(t)\widetilde{C}(t) + \widetilde{A}'(t)P_2(t) + P_2(t)\widetilde{A}(t)$$

式(2-78)满足

$$\dot{\eta}_2(t) = -\left[\widetilde{C}'(t)\widetilde{C}(t) + \widetilde{A}'(t)P_2(t) + P_2(t)\widetilde{A}(t) + \dot{P}_2(t)\right]x(t) -$$

$$\left[\widetilde{C}'(t)\widetilde{D}_1 + P_2(t)\widetilde{B}_1\right]u(t) - \left[\widetilde{C}'(t)\widetilde{D}_2 + \right.$$

$$\left. P_2(t)\widetilde{B}_2\right]\eta_1(t) - \widetilde{A}'(t)\eta_2(t)$$

所以动态方程 $\eta_2(t)$ 满足式(2-81)。证毕。

注 2.6：注意到式(2-66)和式(2-80)是对称且解耦的方程。对比文献[11]中的耦合 Riccati 微分方程，在求解的过程中会节省计算量。

注意到领导者的控制器 $u(t)$ 如式(2-79)所示。两个前向变量 $x(t)$ 和 $\beta(t)$，两个后向变量 $\eta_1(t)$ 和 $\eta_2(t)$ 也已经得到。但是后向变量 $\eta_1(t)$ 和 $\eta_2(t)$ 导致了非因果性。为了获得具有因果性的控制器，需要在 $\eta(t)$ 和 $\delta(t)$ 之间构建一个齐次关系。为了将后向变量和前向变量构建在一起，构建了如下的增广矩阵。

令 $\delta(t) = \left[\beta(t)' \quad x(t)'\right]'$, $\eta(t) = \left[\eta_1(t)' \quad \eta(t)'\right]'$。

联立式(2-67)，式(2-69)，式(2-76)和式(2-81)，得到

$$\dot{\delta}(t) = C(t)\delta(t) + D\eta(t) + Eu(t) \tag{2-82}$$

$$\dot{\eta}(t) = -C'(t)\eta(t) - F(t)u(t) \tag{2-83}$$

其中，

$$C(t) = \begin{bmatrix} \widetilde{A}(t) & \widetilde{B}_2'P_2(t) + \widetilde{D}_2'\widetilde{C}(t) \\ 0 & A(t) \end{bmatrix}, \quad D = \begin{bmatrix} \widetilde{D}_2'\widetilde{D}_2 & \widetilde{B}_2' \\ \widetilde{B}_2 & 0 \end{bmatrix},$$

$$E = \begin{bmatrix} \widetilde{D}_2'\widetilde{D}_1 \\ \widetilde{B}_1 \end{bmatrix}, \quad F(t) = \begin{bmatrix} C_\infty'\bar{\widetilde{D}}_1' + P(t)\widetilde{B}_1 \\ \widetilde{C}'(t)\widetilde{D}_1 + P_2(t)\widetilde{B}_1 \end{bmatrix}$$

初始值为 $\delta(0) = \left[0 \quad x(0)'\right]'$，终端值为 $\eta(T) = \left[0 \quad 0\right]'$。考虑 δ 和 η 的定义，平衡方程式(2-65)和式(2-79)可以写成

$$w(t) = -(\lambda^F)^{-1}\left[\left[0 \quad B_2'P_1(t) + D_{\infty,2}'C_\infty\right]\delta(t) + \right.$$

$$\left. D_{\infty,2}'D_{\infty,1}u(t) + \left[B_2' \quad 0\right]\eta(t)\right]$$

$$u(t) = -(\widetilde{D}_1'\widetilde{D}_1)^{-1}\left[F'(t)\delta(t) + E'\eta(t)\right] \tag{2-84}$$

控制器的解的唯一性保证了该优化问题的解的存在性和必要性。

将式(2-84)代入式(2-82)和式(2-83)，得到如下的齐次哈密尔顿方程：

$$\dot{\delta}(t) = \left[C(t) - E(\widetilde{D}_1'\widetilde{D}_1)^{-1}F'(t)\right]\delta(t) + \left[D - E(\widetilde{D}_1'\widetilde{D}_1)^{-1}E'\right]\eta(t) \tag{2-85}$$

$$\dot{\eta}(t) = F(t)(\widetilde{D}_1' \widetilde{D}_1)^{-1} F'(t) \delta(t) - [C(t) - E(\widetilde{D}_1' \widetilde{D}_1)^{-1} F'(t)]' \eta(t) \quad (2\text{-}86)$$

式中,初始解是 $\delta(0) = [0 \quad x(0)]'$,终端解是 $\eta(T) = 0$。

至此,控制器仍然是非因果性的,我们通过哈密尔顿-雅可比系统方程(2-85)～方程(2-86)在变量 $\delta(t)$ 和 $\eta(t)$ 之间建立一个线性的齐次关系来找到这个因果解。

引理 2.10:注意到以下等式成立:

$$\eta(t) = M(t)\delta(t), \quad t \geqslant 0 \quad (2\text{-}87)$$

式中,矩阵 $M(t)$ 是对称的并且满足以下的 Riccati 方程:

$$-\dot{M}(t) = M(t)L(t) + M(t)KM(t) + L'(t)M(t) - F(t)(\widetilde{D}_1' \widetilde{D}_1)^{-1} F'(t) \quad (2\text{-}88)$$

式中,$L(t) = C(t) - E(\widetilde{D}_1' \widetilde{D}_1)^{-1} F'(t)$,$K = D - E(\widetilde{D}_1' \widetilde{D}_1)^{-1} E'$,终端值 $M(T) = 0$。变量 $\delta(t)$ 满足

$$\dot{\delta}(t) = [L(t) + KM(t)]\delta(t), \quad t \geqslant 0 \quad (2\text{-}89)$$

证明:由 $\eta(t)$ 的终端值为 0 可以得到 $\eta(T) = M(T)\delta(T) = 0$,其中 $M(T) = 0$。式(2-85)中,变量 $\delta(t)$ 可以被赋予任意初始值。对于任意选定的 $\delta(t)$,哈密尔顿-雅可比-贝尔曼系统方程(2-85)～方程(2-86)都有唯一解。对 $\eta(T) = M(T)\delta(T) = 0$ 两边求导,可以得到

$$\begin{aligned}
-\dot{\eta}(t) &= \dot{M}(t)\delta(t) + M(t)\dot{\delta}(t) \\
&= \dot{M}(t)\delta(t) + M(t)[L(t)\delta(t) + K\eta(t)] \\
&= \dot{M}(t)\delta(t) + M(t)[L(t)\delta(t) + KM(t)\delta(t)] \\
&= -L'(t)M(t)\delta(t) + F(t)(\widetilde{D}_1' \widetilde{D}_1)^{-1} F'(t)\delta(t)
\end{aligned}$$

即求得式(2-88)。将式(2-87)代入式(2-85),得到式(2-89)。证毕。

定理 2.2:考虑具有 H_2 和 H_∞ 形式性能指标的混合 H_2/H_∞ 控制问题式(2-54)～式(2-58),其开环解存在且唯一,当且仅当

(1) λ^F 是严格负定的;

(2) $\widetilde{D}_1' \widetilde{D}_1$ 是严格正定的。

其开环解如下式所示

$$u(t) = -(\widetilde{D}_1' \widetilde{D}_1)^{-1} \widetilde{G}_u(t)\delta(t) \quad (2\text{-}90)$$

$$w(t) = -(\lambda^F)^{-1} \widetilde{G}_w(t)\delta(t) \quad (2\text{-}91)$$

其中

$$\widetilde{G}_u(t) = F'(t) + E'M(t)$$

$$\begin{aligned}
\widetilde{G}_w(t) = &[0 \quad B_2'P_1(t) + D_{\infty,2}'C_\infty] - D_{\infty,2}'D_{\infty,1}(\widetilde{D}_1' \widetilde{D}_1)^{-1} \times \\
&[F'(t) + E'M(t)] + [B_2' \quad 0]M(t)
\end{aligned}$$

证明：充分性：根据上述描述，容易得到 $\partial^2 J_\infty / \partial w_k^2 = \lambda^{\mathrm{F}}$。如果 $\lambda^{\mathrm{F}} < 0$，那么 $\partial^2 J_\infty / \partial w_k^2 < 0$，即跟随者的最优控制器存在且唯一。相似地，$\partial^2 J_\infty / \partial u_k^2 = \widetilde{D}_1' \widetilde{D}_1$，如果 $\widetilde{D}_1' \widetilde{D}_1 > 0$，那么 $\partial^2 J_\infty / \partial u_k^2 > 0$，即优化问题式(2-73)的最优解存在且唯一。

必要性：通过注 2.3 和引理 2.8 得知优化问题式(2-59)的解的唯一性意味着 $\lambda^{\mathrm{F}} < 0$。通过注 2.5 和引理 2.9 得知优化问题式(2-73)的解的唯一性意味着 $\lambda^{\mathrm{F}} < 0$。通过注 2.5 和引理 2.9 得知优化问题式(2-73)的解的唯一性意味着 $\widetilde{D}_1' \widetilde{D}_1$ 是严格正定的。

通过式(2-84)式(2-87)，得到

$$u(t) = -(\widetilde{D}_1' \widetilde{D}_1)^{-1}[F'(t) + E'M(t)]\delta(t)$$

将 $u(t)$ 和式(2-87)代入 $w(t)$，得到

$$w(t) = -(\lambda^{\mathrm{F}})^{-1}[(B_2' P_1(t) + D_{\infty,2}' C_\infty)x(t) + D_{\infty,2}' D_{\infty,1} u(t) + [B_2' \quad 0]\eta(t)]$$
$$= -(\lambda^{\mathrm{F}})^{-1}[[0 \quad B_2' P_1(t) + D_{\infty,2}' C_\infty] -$$
$$D_{\infty,2}' D_{\infty,1}(\widetilde{D}_1' \widetilde{D}_1)^{-1}[F'(t) + E'M(t)] + [B_2' \quad 0]M(t)]\delta(t)$$

证毕。

定理 2.3：最优性能指标如下式所示

$$J_\infty = \frac{1}{2}\left\{ x'(0)P_1(0)x(0) - \int_0^T [\delta'(t)\widetilde{G}_{\mathrm{u}}(t)'(\widetilde{D}_1' \widetilde{D}_1)^{-1}[[B_1' + D_{\infty,1}\bar{\widetilde{D}}_2 \quad 0]M(t) + \right.$$
$$[0 \quad P_1(t) + D_{\infty,1}\bar{\widetilde{C}}(t)] - D_{\infty,1}\bar{\widetilde{D}}_1(\widetilde{D}_1' \widetilde{D}_1)^{-1}\widetilde{G}_{\mathrm{u}}(t)]\delta(t)]dt \} \tag{2-92}$$

$$J_2 = \frac{1}{2}\{ x'(0)P_2(0)x(0) + x'(0)\eta_2(0) + \int_0^T [[1 \quad 0]M(t)\delta(t)[[0 \quad \widetilde{B}_2' P_2(t)] + $$
$$\widetilde{D}_2' \widetilde{C}(t)] - \widetilde{D}_2' \widetilde{D}_1(\widetilde{D}_1' \widetilde{D}_1)^{-1}\widetilde{G}_{\mathrm{u}}u(t) + [\widetilde{D}_2' \widetilde{D}_2 \quad \widetilde{B}_2']M(t)\delta(t) + $$
$$\delta'(t)\widetilde{G}_{\mathrm{u}}(t)'(\widetilde{D}_1' \widetilde{D}_1)^{-1}((C_\infty' \widetilde{D}_1 + P_1(t)\widetilde{B}_1)' \quad 0]\delta(t)]dt \} \tag{2-93}$$

证明：为了获得性能指标的简化方程，首先对 $\langle x(t), p(t) \rangle$ 求导，综合考虑式(2-54)，式(2-61)和式(2-62)，得到

$$\frac{\mathrm{d}}{\mathrm{d}t}\langle x(t), p(t) \rangle$$
$$= \langle Ax(t) + B_1 u(t) + B_2 w(t), p(t) \rangle + \langle x(t), -A'p(t) - C_\infty' z_\infty(t) \rangle$$
$$= u'(t)B_1' p(t) + w'(t)B_2' p(t) - [z_\infty(t) - D_{\infty,1} u(t) - D_{\infty,2} w(t)]' z_\infty(t)$$
$$= u'(t)B_1' p(t) + w'(t)B_2' p(t) - \|z_\infty(t)\|^2 + $$
$$u'(t)D_{\infty,1} z_\infty(t) + w'(t)D_{\infty,1} z_\infty(t)$$
$$= \langle u(t), B_1' p(t) + D_{\infty,1} z_\infty(t) \rangle - \|z_\infty(t)\|^2 + \gamma^2 \|w(t)\|^2 \tag{2-94}$$

对上式左右两边从 0~T 求积分，得到

$$2J_\infty = \langle x(0), p(0) \rangle + \int_0^T \langle u(t), B_1' p(t) + D_{\infty,1} z_\infty(t) \rangle \mathrm{d}t$$

$$= x'(0) P_1(0) x(0) + \int_0^T [u'(t) B_1'(\eta_1(t) + P_1(t) x(t)) +$$

$$u'(t) D_{\infty,1}(\bar{\bar{C}}(t) x(t) + \bar{\bar{D}}_1 u(t) + \bar{\bar{D}}_2 \eta_1(t))] \mathrm{d}t$$

$$= x'(0) P_1(0) x(0) - \int_0^T [\delta'(t) \widetilde{G}_u(t)' (\widetilde{D}_1' \widetilde{D}_1)^{-1} [[B_1' + D_{\infty,1} \bar{\bar{D}}_2 \quad 0] M(t) +$$

$$[0 \quad P_1(t) + D_{\infty,1} \bar{\bar{C}}(t)] - D_{\infty,1} \bar{\bar{D}}_1 (\widetilde{D}_1' \widetilde{D}_1)^{-1} \widetilde{G}_u(t)] \delta(t)] \mathrm{d}t \qquad (2\text{-}95)$$

通过相似的计算过程,可以得到 J_2 的表达式

$$\frac{\mathrm{d}}{\mathrm{d}t} \langle x(t), \alpha(t) \rangle$$

$$= \langle \widetilde{A}(t) x(t) + \widetilde{B}_1 u(t) + \widetilde{B}_2 \eta_1(t), \alpha(t) \rangle + \langle x(t), -\widetilde{A}^{\mathrm{T}}(t) \alpha(t) - \widetilde{C}^{\mathrm{T}}(t) z_2(t) \rangle$$

$$= u^{\mathrm{T}}(t) \widetilde{B}_1^{\mathrm{T}} \alpha(t) + \eta_1^{\mathrm{T}}(t) \widetilde{B}_2^{\mathrm{T}} \alpha(t) - [z_2(t) - \widetilde{D}_1 u(t) - \widetilde{D}_2 \eta(t)]^{\mathrm{T}} z_2(t)$$

$$= u^{\mathrm{T}}(t) \widetilde{B}_1^{\mathrm{T}} \alpha(t) + \eta_1^{\mathrm{T}}(t) \widetilde{B}_2^{\mathrm{T}} \alpha(t) - \| z_2(t) \|^2 + u^{\mathrm{T}}(t) \widetilde{D}_1^{\mathrm{T}} z_2(t) + \eta'(t) \widetilde{D}_2^{\mathrm{T}} z_2(t)$$

$$= u^{\mathrm{T}}(t) [\widetilde{B}_1^{\mathrm{T}} \alpha(t) + \widetilde{D}_1^{\mathrm{T}} z_2(t)] + \eta_1^{\mathrm{T}}(t) [\widetilde{B}_2^{\mathrm{T}} \alpha(t) + \widetilde{D}_2^{\mathrm{T}} z_2(t)] - \| z_2(t) \|^2$$

$$= -u^{\mathrm{T}}(t) [C_\infty^{\mathrm{T}} \widetilde{D}_1 + P_1(t) \widetilde{B}_1]^{\mathrm{T}} \beta(t) + \eta_1^{\mathrm{T}}(t) [\widetilde{B}_2^{\mathrm{T}} \alpha(t) + \widetilde{D}_2 z_2(t)] - \| z_2(t) \|^2 \qquad (2\text{-}96)$$

证毕。

2.3　数值例子

为了验证前面得到的控制器的有效性,下面给出一个数值例子。考虑离散时间系统方程(2-1)～方程(2-5),取以下常数矩阵

$$A = \begin{bmatrix} 0.8 & 0.1 \\ 0 & 0.9 \end{bmatrix}, \quad B_1 = \begin{bmatrix} 0.3 & 0 \\ 0 & 0.4 \end{bmatrix}, \quad B_2 = \begin{bmatrix} 0.7 & 0 \\ 0 & 0.5 \end{bmatrix},$$

$$C_2 = \begin{bmatrix} 0.7 & 0 \\ 0 & 0.2 \end{bmatrix}, \quad D_{2,1} = \begin{bmatrix} 0.3 & 0.5 \\ 0.5 & 0.3 \end{bmatrix}, \quad D_{2,2} = \begin{bmatrix} 0.3 & 0 \\ 0 & 0.6 \end{bmatrix},$$

$$C_\infty = \begin{bmatrix} 0.2 & 0 \\ 0 & 0.4 \end{bmatrix}, \quad D_{\infty,1} = \begin{bmatrix} 0.7 & 0.3 \\ 0.4 & 0.6 \end{bmatrix}, \quad D_{\infty,2} = \begin{bmatrix} 0.4 & 0 \\ 0 & 0.6 \end{bmatrix}$$

令 $N = 60$,扰动衰减因子为 $\gamma = 0.7$,终端条件为 P。前一节中得到的控制器 u_k 和 w_k 如图 2-2 和图 2-3 所示。由于系统的两个维度,u_k 和 w_k 各有两个控制器命名为 u_k^1 和 w_k^2,以及 u_k^2 和 w_k^2。从图中的曲线可以看出,以上给出的策略均取得了最优解。

图 2-4 描述了系统状态 x_k 的变化曲线。图 2-4 给出的曲线 x_k^1 和 x_k^2 是趋于稳

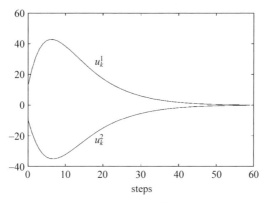

图 2-2　领导者的控制器

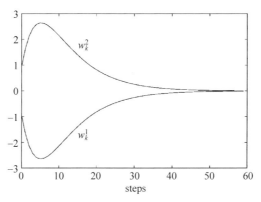

图 2-3　跟随者的控制器

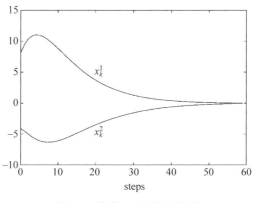

图 2-4　状态 x_k 的变化曲线

定的,这意味着本章的策略是可靠的。另一方面,仿真结果验证了本章的主要结果。经过计算得到 $J_2 = 3.524 \times 10^3$, $J_\infty = -4.793 \times 10^3$。

2.4 本章小结

本章分别考虑了离散和连续系统的具有线性二次型指标函数的混合 H_2/H_∞ 控制问题。采用 Stackelberg 博弈方法,基于三个解耦的 Riccati 方程的求解,得到唯一的开环解。在 Stackelberg 策略中,领导者使 H_2 性能指标最小,同时跟随者使 H_∞ 性能指标最大。依据极大值原理,解耦且对称的 Riccati 方程被用于求解最优解。在最优解的结构中可以明确看到领导者在控制策略中的优先地位,即,跟随者的控制器受领导者控制器的影响。在下一章中,具有输入时滞的离散时间系统及连续时间系统混合 H_2/H_∞ 控制问题将被考虑。

第 3 章

Stackelberg在时滞系统的开环解研究

　　通常来说,时滞现象广泛存在于通信系统、过程控制等工程应用中。在研究此类问题时,时滞导致的控制器的非因果性是首先要解决的。在文献[15,67-70,72,93-94]中,对于具有输入或输出时滞的系统,人们已经做了很多努力来得到一个有效的显式解。文献[67-68]采用参数化代数 Riccati 方程求解 H_∞ 预览控制和固定滞后平滑问题。针对具有输入时滞的混合 H_2/H_∞ 控制问题,文献[69]运用了线性矩阵不等式的方法得到问题的解,并且用线性矩阵不等式的形式给出状态反馈控制器存在的充分条件。文献[94]定义了一种全息概念来解决控制输入和扰动都有时滞的情况,在求解过程中引入了一个哈密尔顿方程和一个不包含时滞的一般性系统。基于状态变量和伴随状态变量之间存在的非齐次关系,文献[68]引入了一个新的李雅普诺夫方程,并且获得了最优线性二次型调节器。不可忽视的是,抽象的 Riccati 方程和代数方程并不容易求解。

　　通过观察和总结已有文献可以发现,在问题的求解过程中主要存在以下几个问题。首先,大多数的解都是基于求解耦合的代数 Riccati 方程或者偏微分方程来得到,求解过程复杂。其次,混合 H_2/H_∞ 控制问题的唯一解存在的充分必要条件需要给出。最后,当系统中的时滞很大或者系统中存在多个时滞时,具有高维状态的系统计算量将会变得很大。

　　本章的主要贡献是把第 2 章考虑离散时间/连续时间系统的混合 H_2/H_∞ 控制问题推广到具有输入时滞的离散时间/连续时间随机系统。创新点包括:第一,引入状态变量和伴随状态变量的概念,伴随状态变量获取控制输入的未来信息,状态变量获取过去的信息,克服了输入时滞引起的变量之间的非因果关系。第二,建立基于状态变量和伴随状态变量之间的非齐次关系,得到求解该极值原理的关键技术。由极大值原理给出该问题的 FBDEs,FBDEs 包括状态方程(正向方程)、伴随状态方程(倒向方程)和平衡条件。第三,通过求解对称解耦的 Riccati 方程和 FBDEs,设计了控制器,给出了控制器的充要条件,保证了控制器的存在性和唯一性。第四,在扩展状态空间表达式的辅助下,得到了该策略的显式表达式。从而实现了领导者的控制器使 H_2 范数最小化,追随者的控制器使 H_∞ 范数最大化。

3.1 离散时间时滞系统 LQ 控制

本章主要研究具有输入时滞的混合 H_2/H_∞ 控制问题。该问题和无输入时滞的控制问题相比,难点主要体现在时滞导致的控制策略的非因果性。本节将混合 H_2/H_∞ 控制问题转化为领导者-跟随者博弈问题,控制输入被视为领导者,扰动输入被视为跟随者。运用极大值原理,将该问题等价为求解对称且解耦的 Riccati 方程。

3.1.1 问题描述

在本章中,我们考虑系统 Σ 如图 3-1 所示,Σ 是具有开环信息结构的线性系统,w_k 是扰动,u_{k-d} 是具有时滞 d 的控制输入,$z_{2,k}$ 和 $z_{\infty,k}$ 是输出。注意到如果只有 u_{k-d},那么该问题退化为标准的 H_2 控制问题。当 u_{k-d} 和 w_k 同时作用在系统上时,即可将问题作为混合 H_2/H_∞ 控制问题来处理。

图 3-1　系统结构框图

离散时间系统的状态方程和输出方程如下式所示

$$x_{k+1} = Ax_k + B_1 u_{k-d} + B_2 w_k, \quad k = 0, \cdots, N \tag{3-1}$$

$$z_{z,k} = \begin{bmatrix} C_2 x_k \\ D_{2,1} u_{k-d} \\ D_{2,2} w_k \end{bmatrix} \tag{3-2}$$

$$z_{\infty,k} = \begin{bmatrix} C_\infty x_k \\ D_{\infty,1} u_{k-d} \\ D_{\infty,2} w_k \end{bmatrix} \tag{3-3}$$

式中,$x_k \in \mathbb{R}^n$ 代表状态,$z_2 \in \mathbb{R}^r$ 和 $z_\infty \in \mathbb{R}^l$ 代表输出,$u_{k-d} \in \mathbb{R}^s$ 是控制输入,n, r, l, m, s 是有限的正整数,$A, B_i, C_j, D_{j,i} (i = 1,2; j = 2, \infty)$ 是具有适当维数的矩阵。时滞 $d \geqslant 1$ 反映了控制输入的后效性,是外部扰动。

性能指标如下式所示:

$$J_2 = \frac{1}{2} \sum_{k=0}^{N} \| z_{2,k} \|^2 \tag{3-4}$$

$$J_\infty = \frac{1}{2} \sum_{k=0}^{N} (\| z_{\infty,k} \|^2 - \gamma^2 \| w_k \|^2) \tag{3-5}$$

式中，$\|z_{2,k}\|^2 = (z_{2,k})' \cdot (z_{2,k})$，$\|z_{\infty,k}\|^2 = (z_{\infty,k})' \cdot (z_{\infty,k})$，$\|w_k\|^2 = (w_k)' \cdot (w_k)$。

注 3.1：只考虑大于对应 H_∞ 最优扰动因子 γ_{opt} 的给定扰动因子 γ（γ_{opt} 是在最优控制器 u 影响下的扰动 w 到输出 z_∞ 的传递函数）。如果 $\gamma > \gamma_{\mathrm{opt}}$，那么问题 $\max\limits_w \{\min\limits_u \|z_{\infty,k}\|^2 - \gamma^2 \|w_k\|^2\}$ 有唯一解，该结论在文献[68]的 4.1 节中给出。

问题 3.1：寻找 Stackelberg 策略 (u,w)，使得系统在最差扰动的情况下性能指标最小。即寻找跟随者的控制器 w 使得性能指标 J_∞ 最大，寻找领导者的控制器 u 使性能指标 J_2 最小。

3.1.2 优化方法

Stackelberg 策略的层级性使得系统的控制输入能影响其扰动输入。在物理背景下，扰动输入受已经选定的最优控制输入的影响。首先对 H_∞ 优化过程进行研究，在这一过程中将得到跟随者的控制器。

H_∞ 优化问题可以被写为以下形式

$$\max_{w_k} J_\infty \quad \text{s.t.} \quad x_{k+1} = Ax_k + B_1 u_{k-d} + B_2 w_k \tag{3-6}$$

将性能指标 J_∞ 展开得到下式

$$J_\infty = \frac{1}{2}\Big[\sum_{k=0}^{N}(x_k'C_\infty'C_\infty x_k + w_k'D_{\infty,2}'D_{\infty,2}w_k - \gamma^2 w_k'w_k) + \sum_{k=0}^{N-d} u_k'D_{\infty,1}'D_{\infty,1}u_k\Big]$$

通过构造哈密尔顿方程，应用极大值原理，得到如下必要条件

$$p_{k-1} = A'p_k + C_\infty'C_\infty x_k, \quad p_N = 0 \tag{3-7}$$

$$0 = B_2'p_k + (D_{\infty,2}'D_{\infty,2} - \gamma^2 I)w_k \tag{3-8}$$

式中，p_k 是具有适当维数的伴随状态变量。

受控制输入 $u_{k-d} \neq 0, k \geq d$ 的影响，在状态 x_k 和 p_{k-1} 之间存在非齐次的关系。引入新的伴随状态，对该关系做如下定义

$$\eta_{k-1}^1 = p_{k-1} - P_k^1 x_k \tag{3-9}$$

其中，η_{k-1}^1 和 P_k^1 满足的等式将在下面的引理中给出。

将式(3-9)代入式(3-8)，平衡方程式(3-8)可以被写为

$$0 = B_2'(\eta_k^1 + P_{k+1}^1 x_{k+1}) + (D_{\infty,2}'D_{\infty,2} - \gamma^2 I)w_k$$
$$= \lambda_{k+1}^{\mathrm{F}} w_k + B_2'P_{k+1}^1 Ax_k + B_2'P_{k+1}^1 B_1 u_{k-d} + B_2'\eta_k^1 \tag{3-10}$$

式中，$\lambda_{k+1}^{\mathrm{F}} = D_{\infty,2}'D_{\infty,2} + B_2'P_{k+1}^1 B_2 - \gamma^2 I$。

注 3.2：在输出方程的结构上，选择如上文所述的 $z_{j,k}$，而不是 $z_{j,k} = C_j x_k + D_{j,1}u_{k-d} + D_{j,2}w_k$，是为了避免交叉项的出现。但是交叉项的存在，并不会对问题的处理有本质的影响。例如选择如下输出方程

$$z_{\infty,k} = C_\infty x_k + D_{\infty,1}u_{k-d} + D_{\infty,2}w_k$$

那么系统的性能指标 J_∞ 将如下式所示

$$J_\infty = \frac{1}{2}\sum_{k=0}^{N}\big[(C_\infty x_k + D_{\infty,1}u_{k-d} + D_{\infty,2}w_k)' \times$$

$$(C_\infty x_k + D_{\infty,1}u_{k-d} + D_{\infty,2}w_k) - \gamma^2 w_k'w_k\big]$$

对 H_∞ 优化问题应用极大值原理,得到

$$p_{k-1} = A'p_k + C_\infty'C_\infty x_k + C_\infty'D_{\infty,2}w_k + C_\infty'D_{\infty,1}u_{k-d}$$

$$0 = B_2'p_k + (D_{\infty,2}'D_{\infty,2} - \gamma^2 I)w_k + D_{\infty,2}'C_\infty x_k + D_{\infty,2}'D_{\infty,1}u_{k-d}$$

同样地,引入伴随状态变量 η_{k-1}^1 来表述如下关系

$$\eta_{k-1}^1 = p_{k-1} - P_x^1 x_k$$

运用相同的方法,对平衡方程进行改写

$$0 = \lambda_{k+1}^{\mathrm{F}}w_k + (B_2'P_{k+1}^1 A + D_{\infty,2}'C_\infty)x_k + (B_2'P_{k+1}^1 B_1 + D_{\infty,2}'D_{\infty,1})u_{k-d} + B_2'\eta_k^1$$

综合比较以上两种输出方程的构建方式,两者唯一的不同就是 x_k 和 u_{k-d} 前面的系数,其他处理方法相同,并没有本质的区别。

引理 3.1:如果优化问题式(3.6)的解存在且唯一,那么矩阵 $\lambda_{k+1}^{\mathrm{F}}$ 对于所有的 $k = 0, 1, \cdots, N$ 严格负定。

证明:结合式(3-1)和式(3-7),得到

$$\langle x_k, p_{k-1}\rangle - \langle x_{k+1}, p_k\rangle$$

$$= x_k'p_{k-1} - x_{k+1}'p_k$$

$$= x_k'(A'p_k + C_\infty'C_\infty x_k) - (Ax_k + B_1 u_{k-d} + B_2 w_2)'p_k$$

$$= x_k'C_\infty'C_\infty x_k - u_{k-d}'B_1'p_k - w_k'B_2'p_k \tag{3-11}$$

式中,$\langle x, p_{k-1}\rangle = x'p_{k-1}$。

对式(3-11)两边从 $0 \sim N$ 求和,得到

$$x_0'p_{-1} = \sum_{k=0}^{N}\big[x_k'C_\infty'C_\infty x_k - (B_1 u_{k-d} + B_2 w_k)'p_k\big] \tag{3-12}$$

将式(3-12)代入 J_∞,得到

$$J_\infty = \frac{1}{2}\Big[x_0'p_{-1} + \sum_{k=0}^{N}\big[w_k'(B_2'p_k + D_{\infty,2}'D_{\infty,2}w_k - \gamma^2 w_k) + u_{k-d}'B_1'p_k\big] +$$

$$\sum_{k=d}^{N}u_{k-d}'D_{\infty,1}'D_{\infty,1}u_{k-d}\Big] \tag{3-13}$$

在式(3-13)中,初始值为 $x_0 = 0$。如果同时令 $u_{k-d} = 0 (k \geqslant 0)$,$w_k = 0 (k \geqslant 0)$,那么系统的性能指标将为 0。这预示着对于任意的非零控制输入,系统的性能指标都将是负定的。当 $k = 0$ 时,做如下赋值,$w_0 \neq 0$,$w_k = 0$,$u = 0$,式(3-13)可以重新被写为

$$J_\infty = \frac{1}{2}w_0'(B_2'P_1^1 B_2 + D_{\infty,2}'D_{\infty,2} - \gamma^2 I)w_0 \tag{3-14}$$

因此,当 $u=0,w=0$ 时,J_∞ 的最大值是 0。对于任意 $w_0=0$,上式都是负定的。对于任意取值的 w_0 和 $\lambda_1^F=D_{\infty,2}'D_{\infty,2}+B_2'P_1^1B_2-\gamma^2I<0$,等式 J_∞ 都是负定的。当初始时刻在时间区间 $k\in[0,N]$ 任意取值时,运用相似的分析方法都可以得到 $\lambda_{k+1}^F<0$。证毕。

引理 3.2:伴随状态 η_{k-1}^1 满足如下等式

$$\eta_{k-1}^1=A'\Gamma_{k+1}'\eta_k^1+A'P_{k+1}^1\Gamma_{k+1}B_1u_{k-d},\quad \eta_N^1=0 \tag{3-15}$$

P_k^1 满足如下的 Riccati 方程

$$P_k^1=C_\infty'C_\infty+A'P_{k+1}^1\Gamma_{k+1}A,\quad P_{N+1}^1=0 \tag{3-16}$$

式中,$\Gamma_{k+1}=I-B_2(\lambda_{k+1}^F)^{-1}B_2'P_{k+1}^1$。

证明:运用递归法做以下证明。根据式(3-7)的终端条件容易得出 $\eta_N^1=0$。假设式(3-9)在时刻 k 成立,即 $p_k=P_{k+1}^1x_{k+1}+\eta_k^1$。接下来验证式(3-9)在时刻 $k-1$ 成立,将式(3-20)和 $p_k=P_{k+1}^1x_{k+1}+\eta_k^1$ 代入式(3-7),得到

$p_{k-1}=C_\infty'C_\infty x_k+A'(\eta_k^1+P_{k+1}^1x_{k+1})$

$=C_\infty'C_\infty x_k+A'[\eta_k^1+P_{k+1}^1(\Gamma_{k+1}Ax_k+\Gamma_{k+1}B_1u_{k-d}-B_2(\lambda_{k+1}^F)^{-1}B_2'\eta_k^1)]$

$=(C_\infty'C_\infty+A'P_{k+1}^1\Gamma_{k+1}A)x_k+A'\Gamma_{k+1}'\eta_k^1+A'P_{k+1}^1\Gamma_{k+1}B_1u_{k-d}$

将上式与式(3-9)对比,可以看出 η_{k-1}^1 和 P_{k+1}^1 分别满足式(3-15)和式(3-16)。证毕。

引理 3.3:如果 $\lambda_{k+1}^F<0$,那么最优控制器 w 存在且唯一。

证明:首先,做如下定义

$x_{k+1}'P_{k+1}^1x_{k+1}-x_k'P_k^1x_k$

$=-x_k'C_\infty'C_\infty x_k+w_k'B_2'P_{k+1}^1B_2w_k+u_{k-d}'B_1'P_{k+1}^1B_1u_{k-d}+\Pi_{k+1}^F \tag{3-17}$

其中

$\Pi_{k+1}^F=x_k'A'P_{k+1}^1(B_1u_{k-d}+B_2w_k)+u_{k-d}'B_1'P_{k+1}^1(Ax_k+B_2w_k)+$

$\quad w_k'B_2'P_{k+1}^1(Ax_k+B_1u_{k-d})+x_k'A'P_{k+1}^1B_2(\lambda_{k+1}^F)^{-1}B_2'P_{k+1}^1Ax_k$

对式(3-17)两边从 $0\sim N$ 求和,得到

$$2J_\infty=x_0'P_0^1x_0+\sum_{k=0}^N[w_k'\lambda_{k+1}^Fw_k+u_{k-d}'B_1'P_{k+1}^1B_1u_{k-d}+\Pi_{k+1}^F]+$$

$$\sum_{k=d}^N u_{k-d}'D_{\infty,1}'D_{\infty,1}u_{k-d} \tag{3-18}$$

根据式(3-18),得到

$$\frac{\partial^2J_\infty}{\partial w_k^2}=\lambda_{k+1}^F$$

如果 $\lambda_{k+1}^F<0$,J_∞ 有一个最大值,所以最优解 w 是唯一的。证毕。

结合引理 3.1 和式(3-10)，跟随者的最优控制器可以写为

$$w_k = -(\lambda_{k+1}^{F})^{-1}(B_2'P_{k+1}^1 A x_k + B_2'P_{k+1}^1 B_1 u_{k-d} + B_2'\eta_k^1) \qquad (3\text{-}19)$$

将 w_k 代入系统的状态方程式(3-1)，得到新的状态方程

$$x_{k+1} = \Gamma_{k+1} A x_k + \Gamma_{k+1} B_1 u_{k-d} - B_2(\lambda_{k+1}^{F})^{-1}B_2'\eta_k^1 \qquad (3\text{-}20)$$

结合 H_∞ 优化过程中取得的结果，可以将 H_2 优化问题描述为

$$\min_{u_k} J_2 \ \text{s. t. } \text{式}(3\text{-}15) \text{ 和式}(3\text{-}20) \qquad (3\text{-}21)$$

将式(3-19)代入性能指标函数式(3-4)，得到

$$
\begin{aligned}
J_2 = \frac{1}{2}\Bigg[& \sum_{k=0}^{N}\big[x_k'(C_2^{\mathrm{T}}C_2 + A'P_{k+1}^1 B_2'\widetilde{F}_{k+1}^{22}B_2 P_{k+1}^1 A)x_k + \\
& u_{k-d}^{\mathrm{T}}B_1'P_{k+1}^1 B_2'\widetilde{F}_{k+1}^{22}B_2 P_{k+1}^1 B_1 u_{k-d} + 2x_k'A^{\mathrm{T}}P_{k+1}^1 B_2'\widetilde{F}_{k+1}^{22}B_2 P_{k+1}^1 B_1 u_{k-d} + \\
& 2x_k'A'P_{k+1}^1 B_2'\widetilde{F}_{k+1}^{22}B_2 \eta_k^1 + 2u_{k-d}'B_1'P_{k+1}^1 B_2'\widetilde{F}_{k+1}^{22}B_2 \eta_k^1 + \\
& \eta_k^{1'}B_2\widetilde{F}_{k+1}^{22}B_2'\eta_k^1 \big] + \sum_{k=d}^{N}u_{k-d}'D_{2,1}'D_{2,1}u_{k-d} \Bigg]
\end{aligned}
\qquad (3\text{-}22)
$$

式中，$\widetilde{F}_{k+1}^{22} = (\lambda_{k+1}^{F})^{-1}D_{2,2}'D_{2,2}(\lambda_{k+1}^{F})^{-1}$。

再次运用极大值原理，可以得到该优化问题满足的必要条件

$$
\begin{aligned}
\alpha_{k-1} = & (C_2'C_2 + A'P_{k+1}^1 B_2\widetilde{F}_{k+1}^{22}B_2'P_{k+1}^1 A)x_k + A'\Gamma_{k+1}'\alpha_k + \\
& A'P_{k+1}^1 B_2\widetilde{F}_{k+1}^{22}B_2'P_{k+1}^1 B_1 u_{k-d} + A'P_{k+1}^1 B_2\widetilde{F}_{k+1}^{22}B_2'\eta_k^1
\end{aligned}
\qquad (3\text{-}23)
$$

$$
\begin{aligned}
\beta_{k+1} = & B_2\widetilde{F}_{k+1}^{22}B_2'P_{k+1}^1 A x_k + B_2\widetilde{F}_{k+1}^{22}B_2'P_{k+1}^1 B_1 u_{k-d} + B_2\widetilde{F}_{k+1}^{22}B_2'\eta_k^1 - \\
& B_2(\lambda_{k+1}^{F})^{-1}B_2'\alpha_k + \Gamma_{k+1}A\beta_k
\end{aligned}
\qquad (3\text{-}24)
$$

$$
\begin{aligned}
0 = & (D_1^{2'}D_1^2 + B_1'P_{k+1}^1 B_2\widetilde{F}_{k+1}^{22}B_2'P_{k+1}^1 B_1)u_{k-d} + B_1'P_{k+1}^1 B_2\widetilde{F}_{k+1}^{22}B_2'P_{k+1}^1 A x_k + \\
& B_1'\Gamma_{k+1}'\alpha_k + B_1'P_{k+1}^1 B_2\widetilde{F}_{k+1}^{22}B_2'\eta_k^1 + B_1'\Gamma_{k+1}'P_{k+1}^1 A\beta_k
\end{aligned}
\qquad (3\text{-}25)
$$

式中，α_k 和 β_k 是对应 x_k 和 η_k^1 的且具有合适维数的伴随状态变量，两者的终端值和初始值分别选为 $\alpha_N = 0$ 和 $\beta_0 = 0$。

同时，引入一个新的伴随状态 η_{k-1}^2，使得如下等式成立

$$\eta_{k-1}^2 = \alpha_{k-1} - P_k^2 x_k \qquad (3\text{-}26)$$

式中，η_{k-1}^2 和 P_k^2 将在引理 3.4 中给出。

引理 3.4： η_{k-1}^2 满足如下的 Riccati 差分方程

$$
\begin{aligned}
\eta_{k-1}^2 = & (A'P_{k+1}^1 B_2\widetilde{F}_{k+1}^{22}B_2'P_{k+1}^1 B_1 + A'\Gamma_{k+1}'P_{k+1}^2\Gamma_{k+1}B_1)u_{k-d} + (A'P_{k+1}^1 \times \\
& B_2\widetilde{F}_{k+1}^{22}B_2' - A'\Gamma_{k+1}'P_{k+1}^2 B_2(\lambda_{k+1}^{F})^{-1}B_2')\eta_k^1 + A'\Gamma_{k+1}'\eta_k^2
\end{aligned}
\qquad (3\text{-}27)
$$

矩阵 P_k^2 满足

$$P_k^2 = C_2'C_2 + A'P_{k+1}^1 B_2\widetilde{F}_{k+1}^{22}B_2'P_{k+1}^1 A + A'\Gamma_{k+1}'P_{k+1}^2\Gamma_{k+1}A \qquad (3\text{-}28)$$

证明：显然式(3-26)在 $k=N$ 时成立，并且有 $\eta_N^2=0$。假设式(3-26)在时刻 k 成立，即 $\alpha_k=P_{k+1}^2 x_{k+1}+\eta_k^2$。将 $\alpha_k=P_{k+1}^2 x_{k+1}+\eta_k^2$ 代入式(3-23)，得到

$$\alpha_{k-1}=(C_2' C_2+A'P_{k+1}^1 B_2 \widetilde{F}_{k+1}^{22} B_2' P_{k+1}^1 A+A'\Gamma_{k+1}' P_{k+1}^2 \Gamma_{k+1} A)x_k+$$

$$(A'P_{k+1}^1 B_2 \widetilde{F}_{k+1}^{22} B_2' P_{k+1}^1 B_1+A'\Gamma_{k+1}' P_{k+1}^2 \Gamma_{k+1} B_1)u_{k-d}+(A'P_{k+1}^1 B_2 \widetilde{F}_{k+1}^{22} B_2'-$$

$$A'\Gamma_{k+1}' P_{k+1}^2 B_2(\lambda_{k+1}^{\mathrm{F}})^{-1} B_2')\eta_k^1+A'\Gamma_{k+1}' \eta_k^2$$

这暗示着式(3-26)在时刻 $k-1$ 成立。证毕。

注 3.3：在优化 H_∞ 和 H_2 控制问题时，两个倒向方程式(3-9)和式(3-26)被引入来构造状态和伴随状态变量的非齐次关系。当 $u\equiv0$ 时，在 Riccati 方程和显式表达式之间存在一个齐次的关系，即，在 H_∞ 优化问题中，表达式 $p_k=P_{k+1}^1 x_{k+1}$ 是严格成立的。当 $u\neq0$ 时，$\eta_k^1=p_k-P_{k+1}^1 x_{k+1}$ 被引入来求解控制器满足的必要条件。运用相似的处理办法即可得到倒向方程式(3-26)。

由于两个倒向变量 η_k^1 和 η_k^2 的引入，上述得到的两个平衡条件式(3-8)和式(3-25)具有非因果性。为了获得控制器的显式表达式，需要建立一个增广的状态空间模型。定义 $\eta_{k-1}=[\eta_{k-1}^{1'} \quad \eta_{k-1}^{2'}]'$。结合式(3-20)、式(3-15)、式(3-24)和式(3-27)，可以得到以下关系式：

$$\eta_{k-1}=F_k' \eta_k+C_k u_{k-d} \tag{3-29}$$

$$\sigma_{k+1}=F_k \sigma_k+D_k \eta_k+E_k u_{k-d} \tag{3-30}$$

式中，初始值 $\sigma_0=[0 \quad x_0]'$，终端值 $\eta_N=[0 \quad 0]'$，并且有

$$F_k=\begin{bmatrix} \Gamma_{k+1}A & F_{12,k} \\ 0 & \Gamma_{k+1}A \end{bmatrix}, \quad C_k=\begin{bmatrix} A'P_{k+1}^1 \Gamma_{k+1} B_1 \\ C_{2,k} \end{bmatrix},$$

$$D_k=\begin{bmatrix} D_{11,k} & -B_2(\lambda_{k+1}^{\mathrm{F}})^{-1} B_2' \\ -B_2(\lambda_{k+1}^{\mathrm{F}})^{-1} B_2' & 0 \end{bmatrix}, \quad E_k=\begin{bmatrix} E_{1,k} \\ \Gamma_{k+1} B_1 \end{bmatrix}$$

其中

$$F_{12,k}=B_2\widetilde{F}_{k+1}^{22} B_2' P_{k+1}^1 A-B_2(\lambda_{k+1}^{\mathrm{F}})^{-1} B_2' P_{k+1}^2 \Gamma_{k+1} A$$

$$C_{2,k}=A'P_{k+1}^1 B_2 \widetilde{F}_{k+1}^{22} B_2' P_{k+1}^1 B_1+A'\Gamma_{k+1}' P_{k+1}^2 \Gamma_{k+1} B_1$$

$$D_{11,k}=B_2\widetilde{F}_{k+1}^{22} B_2'+B_2(\lambda_{k+1}^{\mathrm{F}})^{-1} B_2' P_{k+1}^2 B_2(\lambda_{k+1}^{\mathrm{F}})^{-1} B_2'$$

$$E_{1,k}=B_2\widetilde{F}_{k+1}^{22} B_2' P_{k+1}^1 B_1-B_2(\lambda_{k+1}^{\mathrm{F}})^{-1} B_2' P_{k+1}^2 \Gamma_{k+1} B_1$$

引理 3.5：平衡方程式(3-25)可以被写为

$$0=\Lambda_{k+1}^{\mathrm{L}} u_{k-d}+C_k' \zeta_k+\varepsilon_k' \eta_k \tag{3-31}$$

式中，$\varepsilon_k=E_k-F_k G_{k-d,k-1} C_k$，$\Lambda_{k+1}^{\mathrm{L}}=D_{2,1}' D_{2,1}+B_1' P_{k+1}^1 B_2 \widetilde{F}_{k+1}^{22} B_2' P_{k+1}^1 B_1+B_1'\Gamma_{k+1}' P_{k+1}^2 \Gamma_{k+1} B_1-C_k' G_{k-d,k-1} C_k$。

ζ_k 是一个新的变量，它能获取 σ 从过去时刻 $k-d$ 到过去时刻 $k-1$ 的信息

$$\zeta_k = \Omega_{k-d}^{k-1}\sigma_{k-d} + \sum_{i=k-d}^{k-1}\Omega_{i+1}^{k-1}(E_i - F_iG_{k-d,i-1}C_i)u_{i-d} \qquad (3\text{-}32)$$

其中,$k \geqslant d$,并且

$$\Omega_m^n = F_n\cdots F_m, m < n; \qquad \Omega_m^{m-1} = I; \qquad \Omega_m^v = 0, v < m-1 \qquad (3\text{-}33)$$

$$G_{m,n} = \sum_{i=m}^{n}\Omega_{i+1}^n D_i(\Omega_{i+1}^n)', m \leqslant n; \qquad G_{m,n} = 0, m > n \qquad (3\text{-}34)$$

证明：结合式(3-29),得到如下的形式

$$\eta_i = F'_{i+1}\eta_{i+1} + C'_{i+1}u_{i-d+1}$$

$$= (\Omega_{i+1}^{k-1})'\eta_{k-1} + \sum_{j=i+1}^{k-1}(\Omega_{i+1}^{j-1})'C'_j u_{j-d} \qquad (3\text{-}35)$$

其中,$d-1 \leqslant i \leqslant k-1$,并且

$$\Omega_m^n = F_n\cdots F_m, m < n; \qquad \Omega_m^{m-1} = I; \qquad \Omega_m^v = 0, v < m-1 \qquad (3\text{-}36)$$

定义一个新的变量 ζ_k 来获取变量 σ 从 $k-d \sim k-1$ 的过去信息。将式(3-35)代入式(3-30),得到如下等式

$$\zeta_k = \Omega_{k-d}^{k-1}\sigma_{k-d} + \sum_{i=k-d}^{k-1}\Omega_{i+1}^{k-1}[E_i - F_iG_{k-d,i-1}C_i]u_{i-d}, \quad k \geqslant d$$

式中,$G_{m,n} = \sum_{i-m}^{n}\Omega_{i+1}^n D_i(\Omega_{i+1}^n)'; \; m \leqslant n; \; G_{m,n} = 0, m > n$。

经过代数运算,式(3-30)可以被重新写为等式 $\sigma_k = \zeta_k - G_{k-d,k-1}\eta_{k-1}$,其中 $k \geqslant d$。很明显,状态 ζ 的动态方程满足

$$\begin{aligned}\zeta_{k+1} &= \sigma_{k+1} + G_{k-d+1,k}\eta_k \\ &= F_k\sigma_k + D_k\eta_k + E_ku_{k-d} + G_{k-d+1,k}\eta_k \\ &= F_k(\zeta_k - G_{k-d,k-1}\eta_{k-1}) + D_k\eta_k + E_ku_{k-d} + G_{k-d+1,k}\eta_k \\ &= F_k\zeta_k - \Omega_{k-d+1}^k D_{k-d}(\Omega_{k-d+1}^k)'\eta_k + \varepsilon_k u_{k-d}\end{aligned} \qquad (3\text{-}37)$$

式中,$\varepsilon_k = E_k - F_kG_{k-d,k-1}C_k$。

结合式(3-26)和上述代数运算,式(3-25)将被重新描述为如下等式

$$0 = (D'_{2,1}D_{2,1} + B'_1 P_{k+1}^1 B_2\widetilde{F}_{k+1}^{22}B'_2 P_{k+1}^2 B_1 + B'_1\Gamma'_{k+1}P_{k+2}^2\Gamma_{k+1}B_1)u_{k-d} +$$

$$(B'_1 P_{k+1}^1 B_2\widetilde{F}_{k+1}^{22}B'_2 P_{k+1}^1 A + B'_1\Gamma'_{k+1}P_{k+1}^2\Gamma_{k+1}A)x_k + (B'_1 P_{k+1}^1 B_2\widetilde{F}_{k+1}^{22}B'_2 -$$

$$B'_1\Gamma'_{k+1}B_2(\lambda_{k+1}^F)^{-1}B'_2)\eta_k^1 + B'_1\Gamma'_{k+1}\eta_k^2 + B'_1\Gamma'_{k+1}P_{k+1}^1 A\beta_k$$

$$= \lambda_{k+1}^L u_{k-d} + C'_k\sigma_k + E'_k\eta_k \qquad (3\text{-}38)$$

式中,$\lambda_{k+1}^L = D'_{2,1}D_{2,1} + B'_1 P_{k+1}^1 B_2\widetilde{F}_{k+1}^{22}B'_2 P_{k+1}^1 B_1 + B'_1\Gamma'_{k+1}P_{k+1}^2\Gamma_{k+1}B_1$。

将式(3-37)代入式(3-38),可以得到式(3-31)。证毕。

为了获得控制器 u_{k-d} 的显式表达式,需要确认式(3-31)中的矩阵 Λ_{k+1}^L 的可逆性。

引理 3.6： 假定该优化问题的解存在且唯一，那么当 $k \geqslant d$ 时，矩阵 $\Lambda_{k+1}^{\mathrm{L}}$ 是正定的。

证明： 结合式(3-15)和式(3-24)，经过计算得到

$(\eta_{k-1}^1)'\beta_k - (\eta_k^1)'\beta_{k+1}$

$$= u'_{k-d}B'_1\Gamma'_{k+1}P^1_{k+1}A\beta_k - (\eta_k^1)'B_2\widetilde{F}^{22}_{k+1}B'_2P^1_{k+1}Ax_k - (\eta_k^1)'B_2\widetilde{F}^{22}_{k+1}B'_2P^1_{k+1}B_1u_{k-d} -$$

$$(\eta_k^1)'B_2\widetilde{F}^{22}_{k+1}B'_2\eta_k^1 + (\eta_k^1)'B_2(\lambda_{k+1}^{\mathrm{F}})^{-1}B'_2\alpha_k \tag{3-39}$$

同样，结合式(3-20)和式(3-23)，得到

$x'_k\alpha_{k-1} - x'_{k+1}\alpha_k$

$$= x'_k(C'_2C_2 + A'P^1_{k+1}B_2\widetilde{F}^{22}_{k+1}B'_2P^1_{k+1}A)x_k + 2x'_kA'P^1_{k+1}B_2\widetilde{F}^{22}_{k+1}B'_2\eta_k^1 +$$

$$x'_kA'P^k_{k+1}B_2\widetilde{F}^{22}_{k+1}B'_{k+1}P^1_{k+1}B_1u_{k-d} - u'_{k-d}B'_1\Gamma'_{k+1}\alpha_i + (\eta_{k-1}^1)'\beta_k - (\eta_k^1)'\beta_{k+1} -$$

$$u'_{k-d}B'_1\Gamma'_{k+1}P^1_{k+1}A\beta_k + (\eta_k^1)'B_2\widetilde{F}^{22}_{k+1}B'_2P^1_{k+1}B_1u_{k-d} + (\eta_k^1)'B_2\widetilde{F}^{22}_{k+1}B'_2\eta_k^1$$

$$\tag{3-40}$$

为了得到和性能指标相对应的结构，对式(3-39)和式(3-40)两边分别从 $0 \sim N$ 求和，得到

$$\sum_{k=0}^{N}[x'_k(C'_2C_2 + A'P^1_{k+1}B_2\widetilde{F}^{22}_{k+1}B'_2P^1_{k+1}A)x_k + 2x'_kA'P^1_{k+1}B_2\widetilde{F}^{22}_{k+1}B'_2\eta_k^1 +$$

$$(\eta_k^1)'B_2\widetilde{F}^{22}_{k+1}B'_2\eta_k^1] = x'_0\alpha_{-1} + \sum_{k=0}^{N}u'_{k-d}(B'_1\Gamma'_{k+1}P^1_{k+1}A\beta_k + B'_1\Gamma'_{k+1}\alpha_k -$$

$$B'_1P^1_{k+1}B_2\widetilde{F}^{22}_{k+1}B'_2P^1_{k+1}Ax_k - B'_1P^1_{k+1}B_2\widetilde{F}^{22}_{k+1}B'_2\eta_k^1)$$

将以上求和结果代入性能指标 J_2，可以得到

$$2J_2 = x'_0\alpha_{-1} + \sum_{k=0}^{N}[u'_{k-d}(B'_1\Gamma'_{k+1}P^1_{k+1}A\beta_k - B'_1P^1_{k+1}B_2\widetilde{F}^{22}_{k+1}B'_2P^1_{k+1}Ax_k +$$

$$B'_1\Gamma'_{k+1}\alpha_k - B'_1P^1_{k+1}B_2\widetilde{F}^{22}_{k+1}B'_2\eta_k^1) + u'_{k-d}B'_1P^1_{k+1}B_2\widetilde{F}^{22}_{k+1}B'_2P^1_{k+1}B_1u_{k-d} +$$

$$2x'_kA'P^1_{k+1}B_2\widetilde{F}^{22}_{k+1}B'_2P^1_{k+1}B_1u_{k-d} + 2u'_{k-d}B'_1P^1_{k+1}B_2\widetilde{F}^{22}_{k+1}B'_2\eta_k^1] +$$

$$\sum_{k=d}^{N}u'_{k-d}D'_{2,1}D_{2,1}u_{k-d}$$

$$= x'_0\alpha_{-1} + \sum_{k=d}^{N}u'_{k-d}(\Lambda_{k+1}^{\mathrm{L}}u_{k-d} + \varepsilon'_k\eta_k + C'_k\zeta_k) + \sum_{d-1}$$

其中

$$\sum_{d-1} = \sum_{k=0}^{d-1}u'_{k-d}[C'_{2,k}\sigma_k + E'_k\eta_k + (B'_1\Gamma'_{k+1}P^2_{k+1}\Gamma_{k+1}B_1 +$$

$$B'_1P^1_{k+1}B_2\widetilde{F}^{22}_{k+1}B'_2P^1_{k+1}B_1)u_{k-d}]$$

　　Stackelberg策略解的唯一性意味着 H_2 优化问题的解存在且唯一。当最优控制器的解 $u_{k-d}=0,k\geqslant d$，并且具有以下初始值 $x_0=0,u_k=0(-d\leqslant k\leqslant-1)$ 时，性能指标的最优解为0。所以具有非零控制输入时，即使初始值为0，此时系统的性能指标都是正定的。令 $u_0\neq0,u_k=0(k>0),\eta_d=0,\zeta_d=0$，其相应的性能指标 $J_2=\frac{1}{2}u_0'\Lambda_{d+1}^{\mathrm{L}}u_0$ 是正定的。所以，$\Lambda_{d+1}^{\mathrm{L}}$ 是正定的。在初始时刻 $k(k\geqslant d),x_k=u_{k+i}=0(-d\leqslant i\leqslant-1),\Lambda_{k+1}^{\mathrm{L}}$ 是正定的。证毕。

　　上述结论表明 $\Lambda_{k+1}^{\mathrm{L}}$ 是正定的，所以根据平衡方程式(3-31)得到控制器的显式表达式为

$$u_{k-d}=-(\Lambda_{k+1}^{\mathrm{L}})^{-1}(C_k'\zeta_k+\varepsilon_k'\eta_k),\quad k\geqslant d \tag{3-41}$$

　　注3.4：如果在控制输入中没有时滞，那么过去的信息就不在考虑范围之内，只需验证矩阵 $\Lambda_{k+1}^{\mathrm{L}}$ 的正定性。所以，结论就要通过其他方式来描述，即，如果Stackelberg的解存在且唯一，那么该 H_2 优化问题的解就存在且唯一，而矩阵 $\Lambda_{k+1}^{\mathrm{L}}$ 在时刻 $k=0,1,\cdots,N$ 时正定。通过运用 H_∞ 优化过程中引理3.1中相同的方法，将很容易得到 $\Lambda_{k+1}^{\mathrm{L}}>0$。

　　注3.5：由于新的状态变量 η_k^2 和 ζ_k 的辅助，通过引理3.5的可逆性分析可以得到控制器 u_k 的表达式(3-41)。通过分析状态变量 ζ_k 的表达式可以看出来它包含三个部分：第一部分代表当前信息，第二部分代表过去信息，第三部分代表将来信息。

　　注3.6：式(3-23)和式(3-24)构成了前向和倒向的差分方程，其中初始值和终端值分别给出。在处理初始值和终端值时可以考虑运用两点边值定理，该定理在最优控制、差分博弈算法及其他问题的处理过程中得到广泛的运用[50,73,92,95]。但是在实际应用中，正倒向差分方程和最优控制实施起来存在困难。解决混合 H_2/H_∞ 控制问题的关键就是解决正倒向差分方程，所以长期以来，混合 H_2/H_∞ 控制问题是控制领域中被广泛关注的难题之一。

　　引理3.7：如果 $\Lambda_{k+1}^{\mathrm{L}}>0$，那么 H_2 优化问题存在一个最优控制器。

　　证明：根据引理3.6，可以将性能指标 J_2 重新写为

$$2J_2=x_0'\alpha_{-1}+\sum_{k=0}^N u_{k-d}'[\Lambda_{k+1}^{\mathrm{L}}u_{k-d}+\varepsilon_k'\eta_k+C_k'\zeta_k]+\Sigma_{d-1} \tag{3-42}$$

从式(3-42)，可以得到

$$\frac{\partial^2 J_2}{\partial u_{k-d}^2}=\Lambda_{k+1}^{\mathrm{L}}$$

如果 $\Lambda_{k+1}^{\mathrm{L}}>0$，则存在一个最优控制器使得 J_2 最小化。证毕。

　　引理3.8：η_{k-1} 和 ζ_k 满足

$$\eta_{k-1}=\Delta_k\zeta_k \tag{3-43}$$

其中，Δ_k 和 ζ_k 分别通过以下等式给出

$$\Delta_k = \widetilde{F}\Delta_{k+1}(I + \widetilde{D}_k\Delta_{k+1})^{-1}\widetilde{F} - C_k(\Lambda_{k+1}^{\mathrm{L}})^{-1}C_k' \tag{3-44}$$

$$\zeta_{k+1} = (I + \widetilde{D}_k\Delta_{k+1})^{-1}\widetilde{F}_k\zeta_k \tag{3-45}$$

其终端值 $\Delta_{N+1} = 0$，并且 $\widetilde{D}_k = \Omega_{k-d+1}^k D_{k-d}(\Omega_{k-d+1}^k)' + \varepsilon_k(\Lambda_{k+1}^{\mathrm{L}})^{-1}\varepsilon_k'$，$\widetilde{F}_k = F_k - \varepsilon_k(\Lambda_{k+1}^{\mathrm{L}})^{-1}C_k'$。

证明：将式(3-41)代入式(3-29)和式(3-37)，得到

$$\zeta_{k+1} = \widetilde{F}_k\zeta_k - D_k\eta_k \tag{3-46}$$

$$\eta_{k-1} = \widetilde{F}_k'\eta_k - C_k(\Lambda_{k+1}^{\mathrm{L}})^{-1}C_k'\zeta_k \tag{3-47}$$

式中，$\widetilde{D}_k = \Omega_{k-d+1}^k D_{k-d}(\Omega_{k-d+1}^k)' + \varepsilon_k(\Lambda_{k+1}^{\mathrm{L}})^{-1}\varepsilon_k'$，$\widetilde{F}_k = F_k - \varepsilon_k(\Lambda_{k+1}^{\mathrm{L}})^{-1}C_k'$。

假设在时刻 k，等式 $\eta_k = \Delta_{k+1}\zeta_{k+1}$ 成立。很显然 $\eta_N = \Delta_{N+1}\zeta_{N+1} = 0$ 并且 $\Delta_{N+1} = 0$。结合式(3-46)，式(3-47)和式(3-43)，得到以下关系式

$$\begin{bmatrix} I & 0 & \widetilde{D}_k \\ 0 & I & -\widetilde{F}_k \\ -\Delta_{k+1} & 0 & I \end{bmatrix} \begin{bmatrix} \zeta_{k+1} \\ \eta_{k-1} \\ \eta_k \end{bmatrix} = \begin{bmatrix} \widetilde{F}_k\zeta_k \\ -C_k(\Lambda_{k+1}^{\mathrm{L}})^{-1}C_k'\zeta_k \\ 0 \end{bmatrix} \tag{3-48}$$

当 Stackelberg 策略存在唯一解时，式(3-48)也存在唯一解。为了验证解的存在性，验证以下矩阵的非奇异性

$$\begin{bmatrix} I & 0 & \widetilde{D}_k \\ 0 & I & -\widetilde{F}_k \\ 0 & 0 & I + \widetilde{D}_k\Delta_{k+1} \end{bmatrix}$$

考虑到 $\eta_k = \Delta_{k+1}\zeta_{k+1}$，式(3-46)可以被写为

$$\zeta_{k+1} = \widetilde{F}_k\zeta_k - D_k\Delta_{k+1}\zeta_{k+1} = (I + \widetilde{D}_k\Delta_{k+1})^{-1}\widetilde{F}_k\zeta_k \tag{3-49}$$

将等式 $\eta_k = \Delta_{k+1}\zeta_{k+1}$ 和式(3-49)代入式(3-47)，得到

$$\eta_{k-1} = \widetilde{F}_k'\Delta_{k+1}(I + \widetilde{D}_k\Delta_{k+1})^{-1}\widetilde{F}_k\zeta_k - C_k(\Lambda_{k+1}^{\mathrm{L}})^{-1}C_k'\zeta_k$$

通过比较式(3-43)，很明显式(3-44)在 $k-1$ 时刻成立。此外

$$(I + \widetilde{D}_k\Delta_{k+1})^{-1}\Delta_{k+1} = [I - \Delta_{k+1}(I + \widetilde{D}_k\Delta_{k+1})^{-1}\widetilde{D}_k]\Delta_{k+1}$$

$$= \Delta_{k+1}(I + \widetilde{D}_k\Delta_{k+1})^{-1}$$

对式(3-44)两边求转置，得到

$$\Delta_k' = \widetilde{F}_k(I + \Delta_{k+1}\widetilde{D}_k)^{-1}\widetilde{F}_k' - C_k'(\Lambda_{k+1}^{\mathrm{L}})^{-1}C_k = \Delta_k$$

所以，Δ_k 是对称的。证毕。

综合以上的表述和证明，得到了混合 H_2/H_∞ 控制问题的解存在且唯一的充分必要条件。

注 3.7：对于系统的时滞 $d=0$，可以通过 $\zeta_k=\sigma_k$ 和 $\eta_{k-1}=\Delta_k\sigma_k$ 来获取，即 $\sigma_{k+1}=(I+\widetilde{D}_k\Delta_{k+1})^{-1}\widetilde{F}_k\sigma_k$。

定理 3.1：具有输入时滞的混合 H_2/H_∞ 控制问题式(3-1)～式(3-5)具有唯一的最优控制器，当且仅当

(1) 式(3-10)中的 $\lambda_{k+1}^{\mathrm{F}}$ 是严格负定的；

(2) 式(3-31)中的 $\Lambda_{k+1}^{\mathrm{L}}$ 是严格正定的。

下面给出该问题的唯一解

$$u_k=-(\Lambda_{k+d+1}^{\mathrm{L}})^{-1}\widetilde{R}_{k+1}^{\mathrm{u}}\Big[\Omega_k^{k+d-1}\sigma_k+\sum_{i=k}^{k+d-1}\Omega_{i+1}^{k+d-1}(E_i-F_iG_{k,i-1}C_i)u_{i-d}\Big]$$

(3-50)

$$w_k=-(\lambda_{k+1}^{\mathrm{F}})^{-1}\Big[\widetilde{R}_{k+1}^{\mathrm{w}}\sigma_k+B_2'I_1(\Omega_{k+1}^{k+d-1})'C_{k+d}u_k+(B_2'P_{k+1}^1B_1+$$

$$B_2'I_1(\Omega_{k+1}^{k+d-1})'\bar\omega_{k+d+1}\Omega_{k+1}^{k+d-1}E_k)u_{k-d}+\sum_{i=k+1}^{k+d-1}B_2'I_1(\Omega_{k+1}^{i-1})'(C_i+$$

$$F_i'(\Omega_{k+1}^{k+d-1})'\bar\omega_{k+d+1}\Omega_{i+1}^{k+d-1}(E_i-F_iG_{k,i-1}C_i))u_{i-d}\Big]$$

(3-51)

式中，

$$\bar\omega_{k+d+1}=\Delta_{k+d+1}(I+\widetilde{D}_{k+d}\Delta_{k+d+1})^{-1}\widetilde{F}_{k+d}$$

$$\widetilde{R}_{k+1}^{\mathrm{u}}=C_k'+\varepsilon_k'\Delta_{k+1}(I+\widetilde{D}_{k+d}\Delta_{k+1})^{-1}\widetilde{F}_k$$

$$\tilde{R}_{k+1}^{\mathrm{w}}=\begin{bmatrix}0 & B_2'P_{k+1}^1A\end{bmatrix}+B_2'I_1(\Omega_{k+1}^{k+d})'\bar\omega_{k+d+1}\Omega_k^{k+d-1}$$

增广状态变量 σ_k 的动态方程为

$$\sigma_{k+1}=\big[F_k+D_k(\Omega_{k+1}^{k+d})'\bar\omega_{k+d+1}C_{k+d}\Omega_{k+1}^{k+d-1}\big]\sigma_k+D_k(\Omega_{k+1}^{k+d})'C_{k+d}u_k+\big[E_k+$$

$$D_k(\Omega_{k+1}^{k+d})'\bar\omega_{k+d+1}\Omega_{k+1}^{k+d-1}E_k\big]u_{k-d}+\sum_{i=k+1}^{k+d-1}D_k(\Omega_{k+1}^{i-1})'\big[C_i+$$

$$F_i'(\Omega_{i+1}^{k+d})'\bar\omega_{k+d+1}\Omega_{k+1}^{k+d-1}(E_i-F_iG_{k,i-1}C_i)\big]u_{i-d}$$

(3-52)

具有初始值 $\sigma_0=\begin{bmatrix}0 & x_0\end{bmatrix}',u_{k-d}=0,k-d=-d,\cdots,-1$。

证明：必要条件已经在引理 3.1、引理 3.2、引理 3.4、引理 3.6 中给出。充分条件已经在引理 3.7 中给出。首先，考虑动态方程 σ_k，结合引理 3.5 可以得到

$$\eta_k=(\Omega_{k+1}^{k+d})'\eta_{k+d}+\sum_{i=k+1}^{k+d}(\Omega_{k+1}^{i-1})'C_iu_{i-d}$$

(3-53)

将引理 3.8 和等式 $\eta_{k+d}=\Delta_{k+d+1}\zeta_{k+d+1}$ 代入上式，可以进一步得到

$$\eta_k=(\Omega_{k+1}^{k+d})'\Delta_{k+d+1}\zeta_{k+d+1}+\sum_{i=k+1}^{k+d}(\Omega_{k+1}^{i-1})'C_iu_{i-d}$$

(3-54)

结合式(3-30)和式(3-32)，σ_{k+1} 的动态方程可以写为

$$\sigma_{k+1}=F_k\sigma_k+D_k\eta_k+E_ku_{k-d}$$

$$=F_k\sigma_k+D_k(\Omega_{k+1}^{k+d})'\Delta_{k+d+1}\zeta_{k+d+1}+D_k\sum_{i=k+1}^{k+d}(\Omega_{k+1}^{i-1})'C_iu_{i-d}+E_ku_{k-d}$$

$$= [F_k + D_k (\Omega_{k+1}^{k+d})' \bar{\omega}_{k+d+1} \Omega_{k+1}^{k+d-1}] \sigma_k + D_k (\Omega_{k+1}^{k+d+1})' C_{k+d} u_k + [E_k +$$

$$D_k (\Omega_{k+1}^{k+d})' \bar{\omega}_{k+d+1} \Omega_{k+1}^{k+d+1} E_k] u_{k-d} + \sum_{i=k+1}^{k+d} D_k (\Omega_{k+1}^{i-1})' [C_i +$$

$$F_i' \Omega_{i+1}^{k+d} \bar{\omega}_{k+d+1} \Omega_{k+1}^{k+d-1} (E_i - F_i G_{k,i-1} C_i)] u_{i-d}$$

经过计算，得到控制器的显式解为

$$u_{k-d} = -(\lambda_{k+1}^{L})^{-1} (C_k' \zeta_k + \varepsilon_k' \eta_k) = -(\lambda_{k+1}^{L})^{-1} [C_k' + \varepsilon_k' \Delta_{k+1} (I + \widetilde{D}_k \Delta_{k+1})^{-1} \widetilde{F}_k] \times$$

$$\left[\Omega_{k-d}^{k-1} \sigma_{k-d} + \sum_{i=k-d}^{k-1} \Omega_{i+1}^{k-1} (E_i - F_i G_{k-d,i-1} C_i) u_{i-d}\right]$$

$$(3-55)$$

将上式代入 w_k，可以得到跟随者的最优控制器。证毕。

注 3.8：u_{k-d} 的非因果性体现在它依赖于 α_k 和 η_k。为了获取 u_{k-d}，需要状态在时刻 $k-d$ 的信息以及它的历史信息，这就需要引入一个新的状态变量 ζ_k。因此，控制器可以被写为式(3-41)。通过进一步分析，η_{k-1} 和 ζ_k 的齐次性通过式(3-43)来表示，即，控制器 u_{k-d} 依赖于 σ_{k-d} 和 $u_{i-d} (i \in [k-d, k-1])$，此时的控制器是因果的。

上述得到的控制器的唯一解被用于优化系统的性能指标。

定理 3.2：通过计算可以求得最优性能指标如下式所示

$$J_\infty = \frac{1}{2} \Big[[x_0' (\Delta_0 \zeta_0 + P_0^1 x_0) + (\Delta_0 \zeta_0)' x_0] + \sum_{k=d}^{N} u_{k-d}' D_{\infty,1}' D_{\infty,1} u_{k-d} +$$

$$\sum_{k=0}^{N} [(\eta_k^1)' \Gamma_{k+1} B_1 u_{k-d} + u_{k-d}' B_1' \Gamma_{k+1} \eta_k^1 +$$

$$u_{k-d}' B_1' P_{k+1}^1 \Gamma_{k+1} B_1 u_{k-d} - (\eta_k^1)' B_2 (\lambda_{k+1}^F)^{-1} B_2' \eta_k^1]] \qquad (3-56)$$

$$J_2 = \frac{1}{2} \Big[x_0' (P_0^2 x_0 + \Delta_0 \zeta_0) + \sum_{k=d}^{d-1} u_{k-d}' [C_k' \sigma_k + E_k' \eta_k +$$

$$(B_1' P_{k+1}^1 B_2 \widetilde{F}_{k+1}^{22} B_2' P_{k+1}^1 B_1 + B_1' \Gamma_{k+1}' P_{k+1}^2 \Gamma_{k+1} B_1) u_{k-d}]] \qquad (3-57)$$

证明：由式(3-7)，得到

$$(B_1 u_{k-d})' p_k$$

$$= (\eta_{k-1}^1 - A' \Gamma_{k+1}' \eta_k')' x_k + (B_1 u_{k-d})' P_{k+1}^1 \Gamma_{k+1} B_1 u_{k-d} + (B_1 u_{k-d})' \Gamma_{k+1} \eta_k^1$$

$$= (\eta_{k-1}^1)' x_k - (\eta_k^1)' \Gamma_{k+1} A x_k + (B_1 u_{k-d})' P_{k+1}^1 \Gamma_{k+1} B_1 u_{k-d} + (B_1 u_{k-d})' \Gamma_{k+1}' \eta_k^1$$

$$= (\eta_{k-1}^1)' x_k - (\eta_k^1)' x_{k+1} + (\Gamma_{k+1} B_1 u_{k-d})' \eta_k^1 + (\eta_k^1)' \Gamma_{k+1} B_1 u_{k-d} +$$

$$(B_1 u_{k-d})' P_{k+1}^1 \Gamma_{k+1} B_1 u_{k-d} - (\eta_k^1)' B_2 (\lambda_{k+1}^F)^{-1} B_2' \eta_k^1 \qquad (3-58)$$

性能指标 J_∞ 可以被写为如下形式

$$J_{\infty} = \frac{1}{2}\Big[x_0' p_{-1} + \sum_{k=0}^{N}\big[w_k'(B_2' p_k + D_{\infty,2}' D_{\infty,2} w_k - \gamma^2 w_k) + u_{k-d}' B_1' p_k\big] +$$

$$\sum_{k=d}^{N} u_{k-d}' D_{\infty,1}' D_{\infty,1} u_{k-d}\Big]$$

将式(3-7)、式(3-19)、式(3-20)代入以上等式,得到

$$J_{\infty} = \frac{1}{2}\Big[x_0' p_{-1} + \sum_{k=0}^{N}\big[w_k'(B_2' p_k + D_{\infty,2}' D_{\infty,1} w_k - \gamma^2 w_k) + u_{k-d}' B_1' p_k\big] +$$

$$\sum_{k=d}^{N} u_{k-d}' D_{\infty,1}' D_{\infty,1} u_{k-d}\Big]$$

$$= \frac{1}{2}\Big[x_0' p_{-1} + \sum_{k=0}^{N}\big[w'\big[B_2'\big[\eta_k^1 + P_{k+1}^1(\Gamma_{k+1} A x_k + \Gamma_{k+1} B_1 u_{k-d} -$$

$$B_2(\lambda_{k+1}^{\mathrm{F}})^{-1} B_2' \eta_k^1)\big] + (D_{\infty,2}' D_{\infty,1} - \gamma^2 I)\big[-(\lambda_{k+1}^{\mathrm{F}})^{-1}(B_2' P_{k+1}^1 A x_k +$$

$$B_2' P_{k+1}^1 B_1 u_{k-d} + B_2' \eta_k^1)\big]\big] + u_{k-d}' B_1' p_k\big] + \sum_{k=d}^{N} u_{k-d}' D_{\infty,1}' D_{\infty,1} u_{k-d}\Big]$$

通过代数运算,可以得到 J_{∞} 的表达式如式(3-56)所示。下面考虑最优性能指标 J_2。

$$J_2 = \frac{1}{2}\Big[x_0' \alpha_{-1} + \sum_{k=d}^{N}\big[u_{k-d}'(B_1' \Gamma_{k+1}' P_{k+1}^1 A \beta_k + B_1' \Gamma_{k+1}' \eta_k^2) + (B_1' \Gamma_{k+1}' P_{k+1}^2 \Gamma_{k+1} A +$$

$$B_1' P_{k+1}^1 B_2 \widetilde{F}_{k+1}^{22} B_2' P_{k+1}^1 A) x_k - (B_1' \Gamma_{k+1}' P_{k+1}^2 B_2 (\lambda_{k+1}^{\mathrm{F}})^{-1} B_2' -$$

$$B_1' P_{k+1}^1 B_2 \widetilde{F}_{k+1}^{22} B_2') \eta_k^1 + u_{k-d}'(D_{2,1}' D_{2,1} + B_1' P_{k+1}^1 B_2 \widetilde{F}_{k+1}^{22} B_2' P_{k+1}^1 B_1 +$$

$$B_1' \Gamma_{k+1}' P_{k+1}^2 \Gamma_{k+1} B_1) u_{k-d}\big] + \Sigma_{d-1}\Big]$$

$$= \frac{1}{2}\Big[x_0' \alpha_{-1} + \sum_{k=d}^{N} u_{k-d}'(\lambda_{k+1}^{\mathrm{L}} u_{k-d} + E_k' \eta_k + C_k' \sigma_k) + \Sigma_{d-1}\Big]$$

$$= \frac{1}{2}\Big[x_0'(P_0^2 x_0 + \Delta_0 \zeta_0) + \sum_{k=0}^{d-1} u_{k-d}'\big[C_k' \sigma_k + E_k' \eta_k +$$

$$(B_1' P_{k+1}^1 B_2 \widetilde{F}_{k+1}^{22} B_2' P_{k+1}^1 B_1 + B_1' \Gamma_{k+1}' P_{k+1}^2 \Gamma_{k+1} B_1) u_{k-d}\big]\Big]$$

证毕。

注 3.9:结合注 3.6,无时滞系统的最优控制解在第 2 章中给出了具体的求解办法。

$$u_k = -(\Lambda_{k+1}^{\mathrm{L}})^{-1} \widetilde{R}_{k+1}^{\mathrm{u}} \sigma_k$$

$$w_k = -(\lambda_{k+1}^{\mathrm{F}})^{-1}(\widetilde{R}_{k+1}^{\mathrm{w}} \sigma_k + B_2' P_{k+1}^1 B_1 u_k)$$

式中, $\widetilde{R}_{k+1}^{\mathrm{u}} = C_k' + E_k' \Delta_{k+1}(I + \widetilde{D}_k \Delta_{k+1})^{-1} \widetilde{F}_k$, $R_{k+1}^{\mathrm{w}} = \begin{bmatrix} 0 & B_2' P_{k+1}^1 A \end{bmatrix} + \begin{bmatrix} B_2' & 0 \end{bmatrix} \times \Delta_{k+1}(I + D_k \Delta_{k+1})^{-1} \widetilde{F}_k$ 。

3.2　连续时间时滞系统 LQ 控制

本节研究具有输入时滞的连续时间系统混合 H_2/H_∞ 控制问题,将其转化为具有输入时滞的线性二次微分对策问题,并引入 Stackelberg 开环控制器求解。

3.2.1　问题描述

考虑具有输入时滞的连续时间系统的动态方程如下所示

$$\dot{x}(t) = Ax(t) + B_1 u(t-\tau) + B_2 w(t) \tag{3-59}$$

$$z_2(t) = \begin{bmatrix} C_2 x(t) \\ D_{2,1} u(t-\tau) \\ D_{2,2} w(t) \end{bmatrix} \tag{3-60}$$

$$z_\infty(t) = \begin{bmatrix} C_\infty x(t) \\ D_{\infty,1} u(t-\tau) \\ D_{\infty,2} w(t) \end{bmatrix} \tag{3-61}$$

式中,$x(t) \in \widetilde{\mathbb{R}}^n$,$u(t) \in \widetilde{\mathbb{R}}^s$ 是控制输入也可以被看作领导者,$w(t) \in \widetilde{\mathbb{R}}^n$ 是扰动也可以被看作跟随者。$z_2(t) \in \widetilde{\mathbb{R}}^r$ 和 $z_\infty(t) \in \widetilde{\mathbb{R}}^l$ 是输出项。n,s,m,r 和 l 是有限正整数。τ 是有界正实数,它反映了领导者控制器的后效性。A,B_i,C_j,$D_{j,i}$($i=1,2$;$j=2,\infty$)是具有适当维数的常数矩阵。

性能指标由下式给出

$$J_2 = \frac{1}{2} \int_0^T \| z_2(t) \|^2 \mathrm{d}t \tag{3-62}$$

$$J_\infty = \frac{1}{2} \int_0^T (\| z_\infty(t) \|^2 - \gamma^2 \| w(t) \|^2) \mathrm{d}t \tag{3-63}$$

式中,$\| z_2(t) \|^2 = z_2(t)' \cdot z_2(t)$,$\| z_\infty(t) \|^2 = z_\infty(t)' \cdot z_\infty(t)$,$\| w(t) \|^2 = w(t)' \cdot w(t)$,$\| z \|^2$ 是 z 的范数。T 是有限时间正整数。性能指标 J_2 代表 H_2 范数,性能指标 J_∞ 代表 H_∞ 范数。

对于标准的 H_∞ 控制问题 $\max_w \min_u \{ \| z_\infty(t) \|^2 - \gamma^2 \| w(t) \|^2 \}$,如果给定 $\gamma > \gamma_0$,那么问题存在一个唯一解。在本章讨论的混合 H_2/H_∞ 控制中,最优控制器 u 和 w 是对给定 γ 值的最优解。

问题 3.2:寻找一组控制器 u 和 w,其中,控制器 u 使性能指标 J_2 最小,控制器 w 使性能指标 J_∞ 最大。

3.2.2　优化方法

考虑到 Stackelberg 博弈中参与者之间存在的层级关系,作为领导者的控制输入首先声明自己的控制器,而作为跟随者的扰动输入设计控制器服从于领导者的领导。首先,考虑 H_∞ 的优化过程,在这一过程中得到跟随者的控制器。

$$\max_{w(t)} J_\infty \quad \text{s.t.} \quad 式(3\text{-}59) \tag{3-64}$$

构建如下的哈密尔顿方程

$$H_\infty(t) = \frac{1}{2}\big[x(t)'C'_\infty C_\infty x(t) + w(t)'D'_{\infty,2}D_{\infty,2}w(t) + u(t-\tau)'D_{\infty,1} \times$$

$$D_{\infty,1}u(t-\tau) - \gamma^2 \parallel w(t)\parallel^2\big] + p(t)'[Ax(t) + B_1 u(t-\tau) + B_2 w(t)]$$

式中,$p(t)$ 是具有适当维数的伴随状态变量。根据极大值原理,得到跟随者的控制器满足如下的必要条件

$$-\dot{p}(t) = A'p(t) + C'_\infty C_\infty x(t) \tag{3-65}$$

$$0 = B'_2 p(t) + (D'_{\infty,2}D_{\infty,2} - \gamma^2 I)w(t) \tag{3-66}$$

由于终端状态是自由的,根据横截条件可以得到 $p(T) = P_1(T)x(T)$。在状态 $x(t)$ 和伴随状态 $p(t)$ 之间存在一个非齐次关系,引入一个新的伴随状态 $\eta_1(t)$ 来描述此关系

$$\eta_1(t) = p(t) - P_1(t)x(t) \tag{3-67}$$

式中,$\eta_1(t)$ 和 $P_1(t)$ 满足的等式关系将在下面给出。

结合式(3-66)和式(3-67),平衡方程式(3-66)可以被写为

$$0 = B'_2(\eta_1(t) + P_1(t)x(t)) + (D'_{\infty,2}D_{\infty,2} - \gamma^2 I)w(t)$$

$$= \lambda^F w(t) + B'_2 P_1(t)x(t) + B'_2 \eta_1(t) \tag{3-68}$$

式中,$\lambda^F = D'_{\infty,2}D_{\infty,2} - \gamma^2 I$,对于给定的 $D_{\infty,2}$ 和 γ,矩阵 λ^F 是负定的。

通过前文的分析,不难得到平衡方程式(3-68)中矩阵 λ^F 的负定性确保了跟随者优化问题的解存在且唯一性。对于任意给定的控制器 u,跟随者都存在唯一的最优解。所以,跟随者控制器的显式解可以写为如下形式

$$w(t) = -(\lambda^F)^{-1}[B'_2 P_1(t)x(t) + B'_2 \eta_1(t)] \tag{3-69}$$

将式(3-69)代入状态方程式(3-59),可以得到

$$\dot{x}(t) = [A - B_2(\lambda^F)^{-1}B'_2 P_1(t)]x(t) + B_1 u(t-\tau) - B_2(\lambda^F)^{-1}B'_2 \eta_1(t) \tag{3-70}$$

引理 3.9:式(3-67)中的矩阵 $P_1(t)$ 满足以下 Riccati 方程

$$-\dot{P}_1(t) = C'_\infty C_\infty + P_1(t)A + A'P_1(t) - P_1(t)B_2(\lambda^F)^{-1}B'_2 P_1(t) \tag{3-71}$$

伴随状态变量 $\eta_1(t)$ 满足

$$\dot{\eta}_1(t) = -[A' - P_1(t)B_2(\lambda^F)^{-1}B'_2]\eta_1(t) - P_1(t)B_1 u(t-\tau), \quad \eta_1(T) = 0 \tag{3-72}$$

证明：在终端时刻 T，有 $p(T)=P_1(T)x(T)$，终端值由此得出。假设式(3-67)在时刻 t 成立，那么存在 $\eta_1(t)=p(t)-P_1(t)x(t)$，将式(3-67)代入式(3-65)，得到

$$-\dot{P}(t)=A'[\eta_1(t)+P_1(t)x(t)]+C'_\infty C_\infty x(t)$$
$$=[C'_\infty C_\infty + A'P_1(t)]x(t)+A'\eta_1(t)$$

对式(3-67)求导，得到

$$-\dot{P}(t)=-\dot{P}_1(t)x(t)-P_1(t)\dot{x}(t)-\dot{\eta}_1(t)$$
$$=-\dot{P}_1(t)x(t)-P_1(t)[Ax(t)+B_1u(t-\tau)-B_2[[D'_{\infty,2}D_{\infty,2}-$$
$$\gamma^2 I]^{-1}[B'_2 P_1(t)x(t)+B'_2\eta_1(t)]]]-\dot{\eta}_1(t)$$
$$=-[\dot{P}_1(t)+P_1(t)A-P_1(t)B_2(\lambda^{\mathrm{F}})^{-1}B'_2 P_1(t)]x(t)-$$
$$P_1(t)B_1u(t-\tau)+P_1(t)B_2(\lambda^{\mathrm{F}})^{-1}B'_2\eta_1(t)-\dot{\eta}_1(t)$$

通过对比以上等式，可以看到两者等号右侧相等。这意味着两个等式中 $x(t)$ 的系数是相等的，因此可以得到以下等式

$$C'_\infty C_\infty + A'P_1(t)$$
$$=-[\dot{P}_1(t)+P_1(t)A-P_1(t)B_2(\lambda^{\mathrm{F}})^{-1}B'_2 P_1(t)]$$

经过转置，得到 Riccati 方程式(3-71)。通过相同的方法，获得 $\dot{\eta}_1(t)$ 的表达式。证毕。

在上述优化 H_∞ 的过程中，跟随者的控制器的求解基于一个给定的衰减因子 γ。上述的限制条件是 γ 要大于其相应的使 H_∞ 最优的 γ_0。最优控制器意味着它对于给定的 γ 都是最优的，即，任意混合最优控制器对于单纯的 H_∞ 控制器来说都是次优的。如果 H_∞ 控制的次优控制器存在，那么它们都是可允许的混合控制器，即混合最优控制器是存在的。

运用相似的方法分析 H_2 优化过程，在该过程中得到领导者的控制器。

$$\min_{u(t)} J_2 \text{ s.t. 式(3-70)和式(3-72)} \tag{3-73}$$

性能指标 J_2 可以写为如下形式

$$2J_2=\int_0^T [x(t)'C'_2 C_2 x(t)+[B'_2 P_1(t)x(t)+B'_2\eta_1(t)]'(\lambda^{\mathrm{F}})^{-1}D'_{2,2}D_{2,2}(\lambda^{\mathrm{F}})^{-1}\times$$
$$[B'_2 P_1(t)x(t)+B'_2\eta_1(t)]]\mathrm{d}t+\int_\tau^T u(t-\tau)'D'_{2,1}D_{2,1}u(t-\tau)\mathrm{d}t \tag{3-74}$$

接下来定义哈密尔顿函数

$$H_2(t)=\frac{1}{2}[x(t)'[C'_2 C_2 + P_1(t)B_2\widetilde{F}^{22}B'_2 P_1(t)]x(t)+$$
$$2x'(t)P_1(t)B_2\widetilde{F}^{22}B'_2\eta_1(t)+\eta'_1(t)B_2\widetilde{F}^{22}B'_2\eta_1(t)+$$
$$u(t-\tau)'D'_{2,1}D_{2,1}u(t-\tau)]+\alpha(t)'[A_X x(t)+B_1 u(t-\tau)-$$

$$B_2(\lambda^{\mathrm{F}})^{-1}]B_2'\eta_1(t)+\beta(t)'[A_X'\eta_1(t)+P_1(t)B_1u(t-\tau)]\quad(3\text{-}75)$$

式中,$A_X'=A'-P_1(t)B_2(\lambda^{\mathrm{F}})^{-1}B_2'$,$\widetilde{F}^{22}=(\lambda^{\mathrm{F}})^{-1}D_{2,2}'D_{2,2}(\lambda^{\mathrm{F}})^{-1}$。$\alpha(t)$和$\beta(t)$是具有适当维数的伴随状态变量。

运用极大值原理,控制器 u 满足如下的必要条件

$$-\dot{\alpha}(t)=[C_2'C_2+P_1(t)B_2\widetilde{F}^{22}B_2'P_1(t)]x(t)+$$
$$P_1(t)B_2\widetilde{F}^{22}B_2'\eta_1(t)+A_X'\alpha(t)\quad(3\text{-}76)$$

$$\dot{\beta}(t)=-B_2(\lambda^{\mathrm{F}})^{-1}B_2'\alpha(t)+A_X\beta(t)+B_2\widetilde{F}^{22}B_2'\eta_1(t)+$$
$$B_2\widetilde{F}^{22}B_2'P_1(t)x(t)\quad(3\text{-}77)$$

$$0=D_{2,1}'D_{2,1}u(t-\tau)+B_1'\alpha(t)+B_1'P_1(t)\beta(t)\quad(3\text{-}78)$$

式中,$\alpha(T)=P_2(T)x(T)$,$\beta(0)=0$,$t>\tau$。

引入新的伴随状态变量 $\eta_2(t)$ 来表示 $\alpha(t)$ 和 $x(t)$ 之间的非线性关系

$$\eta_2(t)=\alpha(t)-P_2(t)x(t)\quad(3\text{-}79)$$

式中,$\eta_2(t)$ 和 $P_2(t)$ 满足的等式将在下面给出。

将式(3-79)代入式(3-78),得到

$$0=B_1'\eta_2(t)+B_1'P_2(t)x(t)+D_{2,1}'D_{2,1}u(t-\tau)+B_1'P_1(t)\beta(t)$$

通过对标准 H_2 控制的理解得知,平衡方程式(3-78)中矩阵 $D_{2,1}'D_{2,1}$ 的正定性确保了领导者最优控制器是存在且唯一的。矩阵 $D_{2,1}'D_{2,1}$ 的正定性同时保证了它的可逆性。综合以上分析,控制器 $u(t-\tau)$ 的显式表达式可以写为

$$u(t-\tau)=-(D_{2,1}'D_{2,1})^{-1}[B_1'\eta_2(t)+B_1'P_2(t)x(t)+B_1'P_1(t)\beta(t)]\quad(3\text{-}80)$$

引理 3.10: 式(3-79)中的 $P_2(t)$ 是李雅普诺夫方程的解,这可以通过终端值 $P_2(T)$ 辅助得出

$$-\dot{P}_2(t)=P_2(t)A_X+A_X'P_2(t)+C_2'C_2+P_1(t)B_2\widetilde{F}^{22}B_2'P_1(t)\quad(3\text{-}81)$$

$\eta_2(t)$ 满足以下等式

$$-\dot{\eta}_2(t)=P_2(t)B_1u(t-\tau)+[P_1(t)B_2\widetilde{F}^{22}-P_2(t)B_2(\lambda^{\mathrm{F}})^{-1}]B_2'\eta_1(t)+A_X'\eta_2(t)$$
$$(3\text{-}82)$$

式中,$\eta_2(T)=0$。

证明: 该证明过程和引理 3.9 类似,在此省略。

注意到由式(3-69)和式(3-80),控制器 $w(t)$ 和 $u(t-\tau)$ 已经得到。但是平衡方程中两个后向变量 $\eta_1(t)$ 和 $\eta_2(t)$ 的存在导致了控制器的非因果性。为了得到具有因果关系的控制器,引入一个新的状态变量来获取控制器的过去信息并且建立该状态变量和伴随状态变量之间的线性关系。为了获得这种关系,需要在两个后向变量之间建立一个增广的状态空间表达式,同时在两个前向变量之间建立另一个增广的状态空间表达式。这种线性关系将被用来获取控制器的显式解。

定义 $\delta(t)=[\beta(t)' \quad x(t)']'(\delta(0)=[0 \quad x(0)']')$，$\eta(t)=[\eta_1(t)' \quad \eta_2(t)']'$。由式式(3-70)、式(3-72)、式(3-77)和式(3-82)，可以得到

$$\dot{\delta}(t)=C(t)\delta(t)+D\eta(t)+Eu(t-\tau) \tag{3-83}$$

$$\dot{\eta}(t)=-C'(t)\eta(t)-F(t)u(t-\tau) \tag{3-84}$$

其中

$$C(t)=\begin{bmatrix} A_X(t) & B_2\widetilde{F}^{22}B_2'P_1(t)-B_2'P_2(t) \\ \mathbf{0} & A_X(t) \end{bmatrix}, \quad E=\begin{bmatrix} \mathbf{0} \\ B_1 \end{bmatrix},$$

$$D=\begin{bmatrix} B_2\widetilde{F}^{22}B_2' & -B_2(\lambda^F)^{-1}B_2' \\ -B_2(\lambda^F)^{-1}B_2' & \mathbf{0} \end{bmatrix}, \quad F=\begin{bmatrix} P_1(t)B_1 \\ P_2(t)B_1 \end{bmatrix}$$

引理 3.11：令 $\Phi(t)$ 和 $\Phi'(t)^{-1}$ 分别是式(3-83)和式(3-84)的转置。式(3-83)可以被写为

$$\delta(t+\tau)=\xi(t+\tau)+G(t,t+\tau)\eta(t+\tau) \tag{3-85}$$

其中

$$\zeta(t+\tau)=\Phi(t+\tau)\left[\Phi(t)^{-1}\delta(t)+\int_t^{t+\tau}\Phi(h)^{-1}Eu(h-\tau)\mathrm{d}h\right]+$$

$$\Phi(t+\tau)\int_t^{t+\tau}\Phi(h)^{-1}D\Phi(h)^{-1}\int_t^{t+\tau}\Phi(\theta)'F(\theta)u(\theta-\tau)\mathrm{d}\theta\mathrm{d}h,$$

$$G(t,t+\tau)=\Phi(t+\tau)\int_t^{t+\tau}\Phi(h)^{-1}D\Phi'(h)^{-1}\mathrm{d}h\Phi'(t+\tau)$$

定义新的状态变量 $\xi(t)$ 来获取过去信息。动态方程 $\xi(t)$ 为

$$\dot{\xi}(t)=C(t)\xi(t)+[E+G(t-\tau,t)E(t)]u(t-\tau)+$$

$$\Phi(t)\Phi(t-\tau)^{-1}D\Phi'(t-\tau)^{-1}\Phi'(t)\eta(t) \tag{3-86}$$

式中，$t\geqslant\tau$。

证明：通过运算，由式(3-83)可以得到

$$\delta(t+\tau)=\Phi(t+\tau)\Phi^{-1}(t)\delta(t)+\Phi(t+\tau)\times$$

$$\int_t^{t+\tau}\Phi(h)^{-1}[D\eta(h)+Eu(h-\tau)]\mathrm{d}h$$

$$=\Phi(t+\tau)\Phi(t)^{-1}\delta(t)+\Phi(t+\tau)\int_t^{t+\tau}\Phi(h)^{-1}Eu(h-\tau)\mathrm{d}h+$$

$$\Phi(t+\tau)\int_t^{t+\tau}\Phi(h)^{-1}D\Phi'(h)^{-1}\int_h^{t+\tau}\Phi(\theta)'F(\theta)u(\theta-\tau)\mathrm{d}\theta\mathrm{d}h+$$

$$\Phi(t+\tau)\int_t^{t+\tau}\Phi(h)^{-1}D\Phi'(h)^{-1}\mathrm{d}h\Phi'(t+\tau)\eta(t+\tau) \tag{3-87}$$

式(3-84)可以写为

$$\eta(h)=\Phi'(h)^{-1}\Phi'(t+\tau)\eta(t+\tau)+\Phi'(h)^{-1}\int_h^{t+\tau}\Phi'(\theta)F(\theta)u(\theta-\tau)\mathrm{d}\theta$$

为了简化式(3-87),给出定义 $\xi(t+\tau)$,$G(t,t+\tau)$ 如引理3.11所述。所以式(3-87)可以被写为式(3-85)的形式。

注意到

$$\xi(\tau) = \Phi(\tau)\Phi(0)^{-1}\delta(0) + \Phi(\tau)\int_0^\tau \Phi(h)^{-1}Eu(h-\tau)\mathrm{d}h +$$

$$\Phi(\tau)\int_0^\tau \Phi(h)^{-1}D\Phi'(h)^{-1}\int_h^\tau \Phi(\theta)'F(\theta)u(\theta-\tau)\mathrm{d}\theta\mathrm{d}h$$

$\xi(\tau)$ 由初始值确定,它取的是 $x(\tau)$ 的信息。状态 $\xi(t)$ 的引入对于获取具有因果性的控制器具有很大的帮助。通过式(3-85),得到

$$\dot{\xi}(t) = \dot{\delta}(t) - \dot{G}(t-\tau,t)\eta(t) - G(t-\tau,t)\dot{\eta}(t) \tag{3-88}$$

其中,$t \geqslant \tau$ 和 $\dot{G}(t-\tau,t)$ 通过对 $\dot{G}(t-\tau)$ 两边求导获得。

$$\dot{G}(t-\tau,t) = C(t)G(t-\tau,t) + D + G(t-\tau,t)C'(t) -$$

$$\Phi(t)\Phi(t-\tau)^{-1}D\Phi'(t-\tau)^{-1}\Phi'(t) \tag{3-89}$$

将式(3-84)和式(3-89)代入式(3-88),$\dot{\xi}(t)$ 可以被写为式(3-86)的形式。证毕。

综合考虑定义 δ,η 以及式(3-79)和式(3-85),平衡条件式(3-78)可以被写为

$$0 = D'_{2,1}D_{2,1}u(t-\tau) + F'(t)\delta(t) + E'\eta(t)$$

$$= D'_{2,1}D_{2,1}u(t-\tau) + F'(t)\xi(t) + \Gamma'(t)\eta(t) \tag{3-90}$$

式中,$\Gamma'(t) = E' + F(t)'G(t-\tau,t)$。

得到领导者的最优控制器如下式所示

$$u(t-\tau) = -(D'_{2,1}D_{2,1})^{-1}[F'(t)\xi(t) + \Gamma'(t)\eta(t)] \tag{3-91}$$

式中,$t \geqslant \tau$。

将式(3-91)代入式(3-84)和式(3-86):

$$\dot{\xi}(t) = [C(t) - \Gamma(t)(D'_{2,1}D_{2,1})^{-1}F'(t)]\xi(t) - [\Gamma(t)(D'_{2,1}D_{2,1})^{-1}\Gamma'(t) -$$

$$\Phi(t)\Phi(t-\tau)^{-1}D\Phi'(t-\tau)^{-1}\Phi'(t)]\eta(t) \tag{3-92}$$

$$\dot{\eta}(t) = -[C(t) - \Gamma(t)(D'_{2,1}D_{2,1})^{-1}F'(t)]'\eta(t) +$$

$$F(t)(D'_{2,1}D_{2,1})^{-1}F'(t)\xi(t) \tag{3-93}$$

上式具有初始值 $\delta(0) = [0 \quad x(0)]'$ 和终端值 $\eta(T) = 0$。

注3.10:经过分析可知,式(3-67)和式(3-79)中引入的新的伴随状态变量 $\eta_1(t)$ 和 $\eta_2(t)$ 在获取控制器 $w(t)$ 和 $u(t-\tau)$ 的过程中起到关键的作用。综合考虑伴随状态变量 $\eta_1(t)$,平衡方程式(3-66)可以被写为式(3-68)的形式。同理,由于 $\eta_2(t)$ 的关系,平衡方程式(3-78)可以被写为式(3-90)的形式,它包含了三个部分,分别是过去信息部分 $F'(t)\xi(t)$、当前信息部分 $D'_{2,1}D_{2,1}u(t-\tau)$ 和将来信息部分 $\Gamma'(t)\eta(t)$。

引理3.12:定义如下等式

$$\eta(t) = M(t)\xi(t), \quad t \geqslant \tau \tag{3-94}$$

式中,对称矩阵 $M(t)$ 满足以下 Riccati 方程

$$-\dot{M}(t)=M(t)L(t)-M(t)K(t)M(t)+$$
$$L'(t)M(t)-F(t)(D_{2,1}'D_{2,1})^{-1}F'(t) \qquad (3-95)$$

式中, $M(t)=0$, $L(t)=C(t)-\Gamma(t)(D_{2,1}'D_{2,1})^{-1}F'(t)$, $K(t)=\Gamma(t)(D_{2,1}'D_{2,1})^{-1}\Gamma'(t)-\Phi(t)\Phi(t-\tau)^{-1}D\Phi'(t-\tau)^{-1}\Phi'(t)$。

$\xi(t)$ 的动态方程如下

$$\dot{\xi}(t)=[L(t)-K(t)M(t)]\xi(t), \quad t\geqslant\tau \qquad (3-96)$$

证明：考虑终端条件 $\eta(T)=0$,由它得到 $\eta(T)=M(T)\xi(T)$,其中 $M(T)=0$。由于式(3-92)允许对 $\xi(T)$ 设置任意初始值,那么哈密尔顿-雅可比-贝尔曼系统式(3-92)和式(3-93)的唯一解是允许的。对等式 $\eta(t)=M(t)\xi(t)$ 两边求导,得到以下等式

$$\dot{\eta}(t)=\dot{M}(t)\xi(t)+M(t)\dot{\xi}(t)$$
$$=\dot{M}(t)\xi(t)+M(t)[L(t)\xi(t)-K(t)\eta(t)]$$
$$=\dot{M}(t)\xi(t)+M(t)[L(t)\xi(t)-K(t)M(t)\xi(t)]$$
$$=-L(t)M(t)\xi(t)+F(t)(D_{2,1}'D_{2,1})^{-1}F'(t)\xi(t) \qquad (3-97)$$

结合式(3-93)和式(3-97),很容易得到式(3-95)。将式(3-94)代入式(3-92),得到

$$\dot{\xi}(t)=[L(t)-K(t)M(t)]\xi(t), \quad t\geqslant\tau$$

证毕。

注 3.11：从数学角度来说,解决该问题的关键是耦合 Riccati 方程的求解。文献[96-98]中提出的等位方法被验证是有效的。在本节中提出的非耦合方程式(3-71),式(3-81)和式(3-95)与前人文章中通过斜投影法得出的方程相比,处理起来要简便很多。所以,这在实际应用中实施起来会更加简捷有效。

注 3.12：相关概念 δ 和 η 的引入对于获取显式的控制器解具有重要的意义,其中, δ 被引入来获取状态和伴随状态变量之间的关系, η 被引入来获取控制输入的将来信息。

定理 3.3：同时具有 H_2 性能指标和 H_∞ 性能指标的输入时滞连续时间系统混合 H_2/H_∞ 优化问题式(3-59)~式(3-63)可以被当作领导者-跟随者博弈问题来处理, λ^F 的负定性和 $D_{2,1}'D_{2,1}$ 的正定性保证了开环控制器的存在且唯一性。

$$u(t)=-(D_{2,1}'D_{2,1})^{-1}\left[\widetilde{G}_u(t)\delta(t)-\int_t^{t+\tau}\widetilde{G}_u(t,h)u(h-\tau)\mathrm{d}h\right] \qquad (3-98)$$

$$w(t)=-(\lambda^F)^{-1}\left[\widetilde{G}_w(t)\delta(t)-[B_2'\quad 0]\times\right.$$
$$\left.\Phi'(t)^{-1}\int_t^{t+\tau}\widetilde{G}_w(t,h)u(h-\tau)\mathrm{d}h\right] \qquad (3-99)$$

其中

$$\widetilde{G}_{\mathrm{u}}(t) = \left[F'(t+\tau) + \Gamma'(t+\tau)M(t+\tau)\right]\Phi(t+\tau)\Phi(t)^{-1}$$

$$\widetilde{G}_{\mathrm{u}}(t,h) = \left[F'(t+\tau) + \Gamma'(t+\tau)M(t+\tau)\right]\Phi(t+\tau)\Phi(h)^{-1}\left[E + G(t,h)F(h)\right]$$

$$\widetilde{G}_{\mathrm{w}}(t) = \left[0 \quad B_2'P_1(t)\right] + \left[B_2' \quad 0\right]\Phi'(t)^{-1}\Phi'(t+\tau)M(t+\tau)\Phi(t+\tau)\Phi(t)^{-1}$$

$$\widetilde{G}_{\mathrm{w}}(t,h) = \Phi'(t+\tau)M(t+\tau)\Phi(t+\tau)\Phi(h)^{-1}\left[E + G(t,h)F(h)\right] + \Phi'(h)F(h)$$

动态方程 $\dot{\delta}(t)$ 满足

$$
\begin{aligned}
\dot{\delta}(t) = {} & \left[C(t) + D\Phi'(t)^{-1}\Phi'(t+\tau)M(t+\tau)\Phi(t+\tau)\Phi(t)^{-1}\right]\delta(t) + Eu(t-\tau) + \\
& D\Phi'(t)^{-1}\int_t^{t+\tau}\left[\Phi'(h)F(h) + \Phi'(t+\tau)M(t+\tau)\Phi(t+\tau)\Phi(h)^{-1}\times\right. \\
& \left.(E + G(t,h)F(h))\right]u(h-\tau)\mathrm{d}h
\end{aligned}
\tag{3-100}
$$

以上等式的初始条件是 $\delta(0) = \left[0 \quad x(0)\right]'$。

证明：下面描述 δ 动态方程的获取过程。结合式(3-84)和式(3-94)，得到

$$\eta(t) = \Phi'(t)^{-1}\Phi'(t+\tau)M(t+\tau)\xi(t+\tau) + \Phi'(t)^{-1}\int_t^{t+\tau}\Phi'(h)F(h)u(h-\tau)\mathrm{d}h \tag{3-101}$$

结合式(3-83)和式(3-101)，得到以下等式

$$
\begin{aligned}
\dot{\delta}(t) = {} & C(t)\delta(t) + Eu(t-\tau) + D\Phi'(t)^{-1}\Phi'(t+\tau)M(t+\tau)\xi(t+\tau) + \\
& D\Phi'(t)^{-1}\int_t^{t+\tau}\Phi'(h)F(h)u(h-\tau)\mathrm{d}h \\
= {} & \left[C(t) + D\Phi'(t)^{-1}\Phi'(t+\tau)M(t+\tau)\Phi(t+\tau)\Phi(t)^{-1}\right]\delta(t) + Eu(t-\tau) + \\
& D\Phi'(t)^{-1}\int_t^{t+\tau}\Phi'(h)F(h)u(h-\tau)\mathrm{d}h + D\Phi'(t)^{-1}\Phi'(t+\tau)M(t+\tau)\times \\
& \Phi(t+\tau)\int_t^{t+\tau}\Phi(h)^{-1}Eu(t-\tau)\mathrm{d}h + D\Phi'(t)^{-1}\Phi'(t+\tau)M(t+\tau)\times \\
& \Phi(t+\tau)\int_t^{t+\tau}\Phi(h)^{-1}D\Phi'(t)^{-1}\int_t^{t+\tau}\Phi(\theta)^{-1}F(\theta)u(\theta-\tau)\mathrm{d}\theta\mathrm{d}h \\
= {} & \left[C(t) + D\Phi'(t)^{-1}\Phi'(t+\tau)M(t+\tau)\Phi(t+\tau)\Phi(t)^{-1}\right]\delta(t) + Eu(t-\tau) + \\
& D\Phi'(t)^{-1}\int_t^{t+\tau}\Phi'(h)F(h)u(h-\tau)\mathrm{d}h + D\Phi'(t)^{-1}\int_t^{t+\tau}\Phi'(t+\tau)\times \\
& M(t+\tau)\Phi(t+\tau)\Phi(h)^{-1}\left[E + G(t,h)F(h)\right]u(h-\tau)\mathrm{d}h \\
= {} & \left[C(t) + D\Phi'(t)^{-1}\Phi'(t+\tau)M(t+\tau)\Phi(t+\tau)\Phi(t)^{-1}\right]\delta(t) + \\
& Eu(t-\tau) + D\Phi'(t)^{-1}\int_t^{t+\tau}\left[\Phi'(h)F(h) + \Phi'(t+\tau)M(t+\tau)\times\right. \\
& \left.\Phi(t+\tau)\Phi(h)^{-1}\left[E + G(t,h)F(h)\right]\right]u(h-\tau)\mathrm{d}h
\end{aligned}
\tag{3-102}
$$

综合考虑式(3-91)和式(3-94)，可以得出以下关系式

$$u(h-\tau) = -(D'_{2,1}D_{2,1})^{-1}[F'(t)+\Gamma'(t)M(t)]\xi(t)$$

$$= -(D'_{2,1}D_{2,1})^{-1}[F'(t)+\Gamma'(t)M(t)][\Phi(t)\Phi(t-\tau)^{-1}\delta(t-\tau)+$$

$$\Phi(t)\int_{t-\tau}^{t}\Phi(h)^{-1}[E+G(t-\tau,h)F(h)]u(h-\tau)dh]$$

$$= -(D'_{2,1}D_{2,1})^{-1}\widetilde{G}_{u}(t)\delta(t-\tau)-$$

$$(D'_{2,1}D_{2,1})^{-1}\int_{t-\tau}^{t}\widetilde{G}_{u}(t,h)u(h-\tau)dh$$

即 $u(t)$ 的表达式如式(3-98)所示。将 $u(t)$ 和式(3-85)代入 $w(t)$,得到

$$w(t) = -(\lambda^{F})^{-1}[B'_{2}P_{1}(t)x(t)+[B'_{2}\quad 0]\eta(t)]$$

$$= -(\lambda^{F})^{-1}B'_{2}P_{1}(t)x(t)-(\lambda^{F})^{-1}[B'_{2}\quad 0]\Phi'(t)^{-1}\Phi'(t+\tau)M(t+\tau)\times$$

$$\xi(t+\tau)-(\lambda^{F})^{-1}[B'_{2}\quad 0]\Phi'(t)^{-1}\int_{t}^{t+\tau}\Phi'(h)F(h)u(h-\tau)dh$$

$$= -(\lambda^{F})^{-1}[\widetilde{G}_{w}(t)\delta(t)-[B'_{2}\quad 0]\Phi'(t)^{-1}\int_{t}^{t+\tau}\widetilde{G}_{w}(t,\tau)u(h-\tau)dh]$$

证毕。

注 3.13:可以看到在控制器中存在以下变量 $F'(t+\tau),\Gamma'(t+\tau),M(t+\tau)$。由 $F(t)$ 的定义可知,它与 $P_{1}(t),P_{2}(t)$,以及时不变参数 B_{1} 和 B_{2} 有关。随着时间的推进,$F(t+\tau)$ 仅仅受 $P_{1}(t+\tau)$ 和 $P_{2}(t+\tau)$ 的影响。通过式(3-71)和式(3-81)可以看到,$P_{1}(t+\tau)$ 和 $P_{2}(t+\tau)$ 可以被离线计算。运用相似的方法可以用来解释 $\Gamma'(t+\tau)$ 和 $M(t+\tau)$。由于在这里考虑的是时不变系统,所以 $P_{1}(t),P_{2}(t)$,以及变量 $F(t+\tau),\Gamma'(t+\tau),M(t+\tau)$ 都可以离线计算出来。

定理 3.4:经过计算可以得到该问题的最优性能指标

$$J_{\infty} = \frac{1}{2}\Big\{x'(0)P_{1}(0)x(0)+\int_{0}^{T}u(t-\tau)'[[[B'_{1}\quad 0]-$$

$$D'_{\infty,1}D_{\infty,1}(D'_{2,1}D_{2,1})^{-1}E']\eta(t)+[[0\quad B'_{1}P_{1}(t)]-$$

$$D'_{\infty,1}D_{\infty,1}(D'_{2,1}D_{2,1})^{-1}F'(t)]\delta(t)]dt\Big\} \tag{3-103}$$

$$J_{2} = \frac{1}{2}[x'(0)P_{2}(0)x(0)+x'(0)\eta_{2}(0)+\int_{0}^{T}u(t-\tau)'[F'(t)\delta(t)+E'\eta(t)]dt] \tag{3-104}$$

证明:为了得到性能指标的简化等式,对 $x(t)'p(t)$ 求导

$$\frac{d}{dt}[x(t)'p(t)] = [Ax(t)+B_{1}u(t-\tau)+B_{2}w(t)]'p(t)+$$

$$x(t)'[-A'p(t)-C'_{\infty}C_{\infty}x(t)]$$

$$= u'(t-\tau)B'_{1}p(t)+w'(t)B'_{2}p(t)-x'(t)C'_{\infty}C_{\infty}x(t)$$

对上式从 $0\sim T$ 求和,得到

$$x(T)'p(T)-x(0)'p(0)$$

$$= \int_{0}^{T}[u'(t-\tau)B'_{1}p(t)+w'(t)B'_{2}p(t)-x'(t)C'_{\infty}C_{\infty}x(t)]dt$$

将上式代入 J_∞ 的表达式,得到

$$
\begin{aligned}
2J_\infty &= x'(0)p(0) + \int_0^T [u'(t-\tau)B_1'p(t) + w'(t)B_2'P(t) + w(t)'D_{\infty,2}'D_{\infty,2}w(t) - \\
&\quad \gamma^2 \parallel w(t) \parallel^2 + u(t-\tau)'D_{\infty,1}'D_{\infty,1}u(t-\tau)]dt \\
&= x'(0)P_1(0)x(0) + \int_0^T [u'(t-\tau)B_1'p(t) + u(t-\tau)'D_{\infty,1}'D_{\infty,1}u(t-\tau)]dt \\
&= x'(0)P_1(0)x(0) + \int_0^T u(t-\tau)'[[[B_1' \quad 0] - D_{\infty,1}'D_{\infty,1}(D_{2,1}'D_{2,1})^{-1} \times \\
&\quad E']\eta(t) + [[0 \quad B_1'P_1(t)] - D_{\infty,1}'D_{\infty,1}(D_{2,1}'D_{2,1})^{-1}F'(t)]\delta(t)]dt
\end{aligned}
$$

运用相似的方法求性能指标 J_2,对 $x(t)'\alpha(t)$ 求导

$$
\begin{aligned}
&\frac{\mathrm{d}}{\mathrm{d}t}[x(t)'\alpha(t)] \\
&= [A_X(t)x(t) + B_1u(t-\tau) - B_2(\lambda^F)^{-1}B_2'\eta_1(t)]'\alpha(t) + x(t)'[-A_X'(t)\alpha(t) - \\
&\quad [C_2'C_2 + P_1(t)B_2\widetilde{F}^{22}B_2'P_1(t)]x(t) - P_1(t)B_2\widetilde{F}^{22}B_2'\eta_1(t)] \\
&= [B_1u(t-\tau) - B_2(\lambda^F)^{-1}B_2'\eta_1(t)]'\alpha(t) + x(t)'[-[C_2'C_2 + \\
&\quad P_1(t)B_2\widetilde{F}^{22}B_2'P_1(t)]x(t) - P_1(t)B_2\widetilde{F}^{22}B_2'\eta_1(t)] \\
&= \eta_1(t)'\dot{\beta}(t) + [\dot{\eta}_1(t) + P_1(t)B_1u(t-\tau)]'\beta(t) + [B_1u(t-\tau)]'\alpha(t) - \\
&\quad \eta_1(t)'[B_2\widetilde{F}^{22}B_2'[\eta_1(t) + P_1(t)x(t)]] + x(t)'[-[C_2'C_2 + \\
&\quad P_1(t)B_2\widetilde{F}^{22}B_2'P_1(t)]x(t) - P_1(t)B_2\widetilde{F}^{22}B_2'\eta_1(t)] \\
&= \frac{\mathrm{d}}{\mathrm{d}t}[\eta_1(t)'\beta(t)] + [P_1(t)B_1u(t-\tau)]'\beta(t) + [B_1u(t-\tau)]'\alpha(t) - \\
&\quad \eta_1(t)'[B_2\widetilde{F}^{22}B_2'[\eta_1(t) + P_1(t)x(t)]] + x(t)'[-[C_2'C_2 + \\
&\quad P_1(t)B_2\widetilde{F}^{22}B_2'P_1(t)]x(t) - P_1(t)B_2\widetilde{F}^{22}B_2'\eta_1(t)]
\end{aligned}
$$

对上式从 $0 \sim T$ 求和,得到

$$
\begin{aligned}
2J_2 &= x'(0)P_2(0)x(0) + x'(0)\eta_2(0) + \int_0^T u(t-\tau)'[F'(t)\delta(t) + E'\eta(t)]dt + \\
&\quad \int_\tau^T u(t-\tau)'D_{2,1}'D_{2,1}u(t-\tau)dt \\
&= x'(0)P_2(0)x(0) + x'(0)\eta_2(0) + \int_0^T u(t-\tau)'[F'(t)\delta(t) + E'\eta(t)]dt + \\
&\quad \int_\tau^T u(t-\tau)'[-F'(t)\delta(t) - E'\eta(t)]dt \\
&= x'(0)P_2(0)x(0) + x'(0)\eta_2(0) + \int_0^\tau u(t-\tau)'[F'(t)\delta(t) + E'\eta(t)]dt
\end{aligned}
$$

证毕。

注 3.14:注意到文献[99]中用拉格朗日乘积来证明必要性条件的方法与本节采用的方法类似,但是两者的推导过程存在本质的区别,这也将导致正倒向微分方程和交叉耦合随机代数方程的不同。本节得到的正倒向微分方程是解耦的,所以求解过

程中节省很多计算量。

3.3　数值例子

在本节中,通过引入仿真实例来验证上述求得的最优控制器的有效性。针对带输入时滞的离散时间系统混合 H_2/H_∞ 控制,设计控制器的流程如图 3-2 所示。

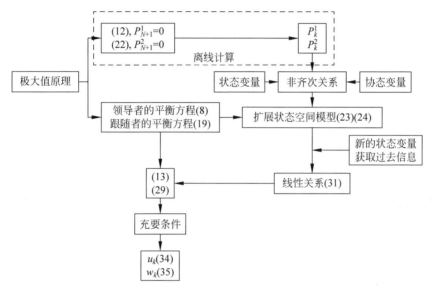

图 3-2　控制器设计流程图

（1）求解 Riccati 方程式（3-16）和式（3-28）并且获得 P_k^1 和 P_k^2;

（2）计算 $\widetilde{R}_{k+1}^{\mathrm{u}}$ 和 $\widetilde{R}_{k+1}^{\mathrm{w}}$,其中 Δ_k 由式（3-44）求得;

（3）其他变量,如 $\Lambda_{k+1}^{\mathrm{L}}$,$\Omega_k^{k+d-1}$,$G_{k,i-1}$ 可以分别由式（3-31）、式（3-36）和式（3-34）获得;

（4）由式（3-50）求得 u_k;

（5）由式（3-51）求得 w_k。

考虑如下矩阵

$$A = \begin{bmatrix} 0.6 & 0.1 \\ 0 & 0.8 \end{bmatrix}, \quad B_1 = \begin{bmatrix} 0.3 & 0 \\ 0 & 0.5 \end{bmatrix}, \quad B_2 = \begin{bmatrix} 0.6 & 0 \\ 0 & 0.5 \end{bmatrix},$$

$$C_2 = \begin{bmatrix} 0.5 & 0 \\ 0 & 0.2 \end{bmatrix}, \quad D_{2,1} = \begin{bmatrix} 0.3 & 0.6 \\ 0.6 & 0.3 \end{bmatrix}, \quad D_{2,2} = \begin{bmatrix} 0.3 & 0 \\ 0 & 0.5 \end{bmatrix},$$

$$C_\infty = \begin{bmatrix} 0.1 & 0 \\ 0 & 0.4 \end{bmatrix}, \quad D_{\infty,1} = \begin{bmatrix} 0.8 & 0.5 \\ 0.5 & 0.8 \end{bmatrix}, \quad D_{\infty,2} = \begin{bmatrix} 0.6 & 0 \\ 0 & 0.5 \end{bmatrix}$$

令 $N=80$,控制输入的时滞分别被选为 $d=3$ 和 $d=5$。控制器受不同的时滞系数的影响,在下面的分析中会给出。扰动因子选为 $\gamma=0.7$。提前设置终端值 $P_{N+1}^1=0$ 和 $P_{N+1}^2=0$ 来计算 Riccati 方程 P_k^1 和 P_k^2 的数值解。首先,控制输入的曲线如图 3-3 所示。由于此算例中系统是二维的,所以将两个控制器分别命名为 $u_{1,k}$ 和 $u_{2,k}$。随着时间的变化,$u_{1,k}$ 和 $u_{2,k}$ 在有限时间内趋近于零。扰动控制器 $w_{1,k}$ 和 $w_{2,k}$ 如图 3-4 所示,它们对控制输入的变化做出最优反馈。图中曲线表明系统的控制器取得了最优解。通过系统取值可以看出,系统有两个状态变量 $x_{1,k}$ 和 $x_{2,k}$,其曲线如图 3-5 所示。分别选取时滞时间 $d=3$ 和 $d=5$ 来刻画时滞对系统状态轨迹的影响。图 3-5 表明系统状态的变化轨迹随着时间的推进趋于零,即系统状态在控制器的影响下趋于稳定。控制输入使得系统的性能指标最小,通过运算,可以得到系统的性能指标 $J_2=23.3397$, $J_\infty=-22.3706$。

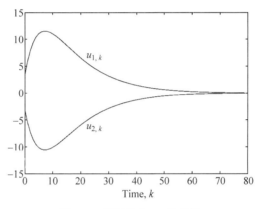

图 3-3　控制输入 u_k 的曲线

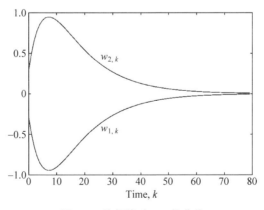

图 3-4　外部扰动 w_k 的曲线

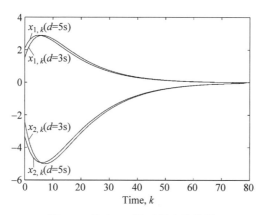

图 3-5　状态 x_k 随时间变化曲线

注 3.15：需要强调的是本节研究的系统是时不变系统,所以对系统未来信息有影响的一些变量可以通过计算 Riccati 方程提前获取,例如,P_{k+1}^1 和 P_{k+1}^2 可以提前通过离线计算求出。

引用文献[99]中的电路系统对该混合 H_2/H_∞ 控制问题进行分析。在电路网络图 3-6 中,R_1 和 r 分别是跟随者模块和领导者模块中的电阻。R 是电路中的电阻,C 是电容。延时元件被标记为 d。E 和 E_1 提供所需电压。在该系统中,V 表示状态 $x(k)$,其初始值为 $x(0)$。

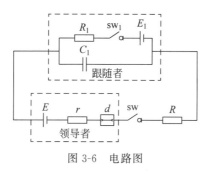

图 3-6　电路图

该离散时间系统可以写为

$$x_{k+1} = Ax_k + B_1 u_{k-d} + B_2 w_k$$

其中

$$A = -\frac{1}{C_1}\left(\frac{1}{R_1} + \frac{1}{R+r}\right), \quad B_1 = -\frac{1}{C_1(R+r)}, \quad B_2 = -\frac{1}{C_1 R_1}$$

给出如下参数

$$B_1 = 1\text{M}\Omega, \quad R = 485\Omega, \quad r_1 = 15\Omega,$$

$$C_1 = 2\mu\text{F}, \quad x_0 = 5\text{V}, \quad d = 3$$

对性能指标函数中的加权矩阵做如下赋值

$$C_2'C_2 = 1.44, \quad D_{2,1}'D_{2,1} = 4, \quad D_{2,2}'D_{2,2} = 1, \quad \gamma^2 = 2,$$
$$C_\infty'C_\infty = 0.81, \quad D_{\infty,1}'D_{\infty,1} = 2.25, \quad D_{\infty,2}'D_{\infty,2} = 1$$

经过代数运算,电源电压 E 和 E_1 分别由方程式(3-50)和式(3-51)得到。图 3-7 中的曲线 1 表明了电容电压随时间的指数衰减,这是运用前面得到的控制器取得的结果。曲线 2 是运用线性矩阵不等式[69]取得的效果,其结果也满足了优化目标。两种方法都取得了预期的效果,但本章使用的方法在时间上更为快速。

注 3.16:为了确保上述递归算法是倒叙进行的,条件 $\lambda_{k+1}^F < 0$ 和 $\Lambda_{k+1}^L > 0$ 要首先保证。如果不满足该条件,那么递归结束。

注 3.17:针对连续系统的仿真,可以取仿真时长为 $T = 6s$,步长设为 $0.1s$,控制输入中的时间延时分别被选择为 $0.3s$ 和 $0.5s$。衰减因子 $\gamma = 0.7$。终端条件为 $P_1(T) = 0$ 和 $P_2(T) = 0$。由于这是二维的系统,所以控制器的名称分别为 $u_1(t)$ 和 $u_2(t)$。具体算法的步骤如下:

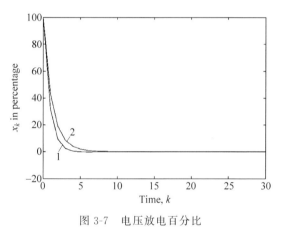

图 3-7　电压放电百分比

(1) 在 $t = T$ 时,式(3-71)和式(3-71)可以通过终端值 $P_1(T) = 0$ 和 $P_2(T) = 0$ 求得;

(2) 把第一步中求出来的 $P_1(t)$ 和 $P_2(t)$ 代入增广的空间表达式(3-83)~式(3-84),初始值和终端值分别设定为 $\delta(0) = [0 \quad x(0)]'$ 和 $\eta(T) = [0 \quad 0]'$;

(3) 经过迭代运算式(3-83)~式(3-84),引入一个新的状态变量 ξ 来获取过去信息 δ,该变量的初始值提前设定;

(4) 式(3-91)构建了变量 η 和 ξ 之间的线性关系,它具有终端 $M(T) = 0$;

(5) 重复以上步骤,得到控制器表达式 u 和 w。

经分析,实验结果与离散系统一致,验证了本章 3.3 节取得的最优控制器的有效性。

3.4 本章小结

　　在本章中,研究了具有输入时滞的混合 H_2/H_∞ 控制问题。引入 Stackelberg 博弈方法来处理该问题,其中,控制输入作为领导者并且最小化 J_2 性能指标,扰动输入作为跟随者并且最大化 J_∞ 性能指标。运用极大值原理,给出了该问题的解存在且唯一的充分必要条件。系统的将来信息由新引入的两个伴随状态变量来获取,过去信息由新引入的一个状态变量来获取,这样就解决了平衡方程的非因果性。基于对称且非耦合的 Riccati 方程的解获得了控制器的显式最优解,在此过程中通过搭建增广状态空间来处理变量之间的关系。该结果可以被延伸用来解决其他问题,例如鲁棒控制问题、具有时滞的随机控制问题等。

第4章

Stackelberg在随机系统的
开环解研究

　　本章把第 2 章考虑的离散时间系统的混合 H_2/H_∞ 控制问题推广到具有乘性噪声的离散时间随机系统。如第 1 章所述,对随机系统混合 H_2/H_∞ 控制的研究非常困难,一般情况下很难得到控制器的解析解。虽然文献[21]在纳什博弈的框架下得到了控制器的解析解,但是对真正解决 H_2/H_∞ 控制问题没有实质的贡献。另外,过去已得到的开环解均是充分条件,控制器设计也非常复杂。

　　本章将利用领导者-跟随者随机 LQ 差分对策给出随机 H_2/H_∞ 控制问题的开环解。基于极大值原理,得到问题可解的条件及 FBSDEs(包括状态方程(正向方程)、伴随状态方程(倒向方程)和平衡条件)。然后通过求解 FBSDEs,得到随机系统混合 H_2/H_∞ 控制问题的最优控制器。

4.1　问题描述

　　考虑如下的离散时间系统,

$$x_{k+1} = A_k x_k + B_k v_k \tag{4-1}$$
$$z_k = C x_k$$

式中,$A_k = A + \overline{A} w_k$, $B_k = B + \overline{B} w_k$; $x_k \in \mathbb{R}^n$ 具有初始值 x_0,并且为了保证过程的简化,该值是确定的。$v_k \in \mathbb{R}^l$ 是确定性的扰动;$z_k \in \mathbb{R}^m$ 是输出。w_k 是白噪声,具有完备的概率空间 $\{\Omega, \widetilde{F}, \mu\}$,其均值为 0,协方差为 1。文献[20]中 $L^2(\Omega, \mathbb{R}^k)$ 阐述了随机列向量的 $\mathbb{R}^k$ 空间,$l_w^2(N, \mathbb{R}^k)$ 包含了所有的有限随机过程 $y = \{y_k : y_k \in \mathbb{R}^k\}_{0 \leqslant k \leqslant N} = \{y_0, y_1, \cdots, y_N\}$,它是 $\widetilde{F}_{k-1}$ 可测的并且 $\sum\limits_{k=0}^{\infty} E \parallel y_k \parallel^2 < +\infty$。$A$, $\overline{A}$, B, $\overline{B}$, C 是有适当维数的矩阵。

　　在这里引入领导者-跟随者随机线性二次型差分博弈的概念。

定义 4.1：对于随机线性二次型差分博弈，容许控制器 u（**领导者**）和 v（**跟随者**）的集合分别是 U 和 V。令性能指标 J_∞,J_2 是控制器集合 $U\times V$ 的映射，领导者使得 J_2 最小，同理，跟随者使得 J_∞ 最大。

(1) 对于任意 $u\in U$ 和一个固定的初始值 $x_0\in\mathbb{R}^n$，跟随者会选择一个相应的最优控制 $v^*\in V$ 使 $J_\infty(x_0,u,v)$ 在全局范围内（$v\in V$）最大。

(2) 如果最优控制 v^* 存在，那么它是依赖于控制器 u 和初始值 x_0 的。领导者将在控制器集合 U 中选取最优控制 u 使得 $J_2(x_0,u,v^*)$ 最小。

(3) 由控制器集合 $\{(u,v)\in U\times V: v=\widetilde{T}u\}$ 可以看到，跟随者的策略受限于控制器 $u\in U$，其集合由映射 T 来表示。

对于给定的扰动因子 $\gamma>0$，随机 H_2/H_∞ 控制的目的是寻找一对控制器集合 (u_k,v_k)，使得

(1) 离散时间系统的动态方程如下所示

$$x_{k+1}=A_k x_k+B_{1,k}u_k+B_{2,k}v_k \tag{4-2}$$

$$z_k=\begin{bmatrix}Cx_k\\Du_k\end{bmatrix}$$

式中，$B_{1,k}=B_1+\overline{B}_1 w_k,B_{2,k}=B_2+\overline{B}_2 w_k$。$u_k\in l_w^2(N,\mathbb{R}^s)$ 是控制输入；$\Lambda,\overline{\Lambda},B_i,\overline{B}_i(i=1,2),C,D$ 是具有适当维数的定常矩阵。

注 4.1：需要注意到输出等式和一般的形式 $z_k=Cx_k+Du_k$ 不同。优先选择式(4-2)是为了在后面的计算中避免交叉项的产生，能节省计算量，但是本质上并没有区别。

(2) 定义如下的性能指标

$$J_\infty=\sum_{k=0}^{N}E[\gamma^2\|v_k\|^2-\|z_k\|^2]$$
$$=\sum_{k=0}^{N}E[\gamma^2\|v_k\|^2-x_k'C'Cx_k-u_k'D'Du_k] \tag{4-3}$$

如果最差扰动 v_k 存在，J_∞ 可以被最小化。

(3) u_k 使性能指标最小

$$J_2=\sum_{k=0}^{N}E\|z_k\|^2=\sum_{k=0}^{N}E[x_k'C'Cx_k+u_k'D'Du_k] \tag{4-4}$$

本章要考虑的问题描述如下：

问题 4.1：

对于系统式(4-2)，寻找控制器 (u_k,v_k) 使得系统在最差扰动的前提下性能最好。即，寻找控制器 v_k 使性能指标 J_∞ 最小，同时寻找控制器 u_k 使性能指标 J_2 最小。

4.2　优化方法

首先,考虑跟随者的优化问题:
$$\min_{v} J_{\infty} \text{ s. t. } 式(4\text{-}2)$$
运用极大值原理,得到跟随者的控制器需要满足的必要条件如下

$$\lambda_N = P_{1,N+1} x_{N+1} \tag{4-5}$$

$$\lambda_{k-1} = E[A_k' \lambda_k \mid \widetilde{F}_{k-1}] - C'C x_k \tag{4-6}$$

$$0 = E[B_{2,k}' \lambda_k \mid \widetilde{F}_{k-1} + \gamma^2 v_k] \tag{4-7}$$

注 4.2:在文献[100]中,引理 1 中用到了离散时间极大值原理,该方法也可以被用于求解随机最优控制问题中的最优解决方案。在本章中,跟随者的优化问题是一个标准的随机问题。

在 x_k 和 λ_{k-1} 之间存在非齐次关系[68]

$$\eta_{1,k-1} = \lambda_{k-1} - P_{1,k} x_k \tag{4-8}$$

其中,$\eta_{1,k-1}$ 和 $P_{1,k}$ 的定义将由下面的引理给出。

将式(4-8)代入式(4-7),平衡方程式(4-7)可以被写为

$$0 = \gamma^2 v_k + E[B_{2,k}'(\eta_{1,k} + P_{1,k+1} x_{k+1}) \mid \widetilde{F}_{k-1}]$$

$$= \Omega_{1,k+1} v_k + E[B_{2,k}' P_{1,k+1} A_k x_k + B_{2,k}' P_{1,k+1} B_{1,k} u_k + B_{2,k}' \eta_{1,k} \mid \widetilde{F}_{k-1}] \tag{4-9}$$

式中,$\Omega_{1,k+1} = \gamma^2 I + E(B_{2,k}' P_{1,k+1} B_{2,k})$。为了获得跟随者控制器的表达式,需要讨论矩阵 $\Omega_{1,k+1}$ 的可逆性。

引理 4.1:如果问题 $\min_{v} J_{\infty}$ 的优化解存在且唯一,那么矩阵 $\Omega_{1,k+1}$ 对于所有的 $k = 0,1,\cdots,N$ 都是正定的。

证明:综合考虑式(4-2)和式(4-6),得到

$$E\langle x_{k+1}, \lambda_k \rangle - E\langle x_k, \lambda_{k-1} \rangle$$

$$= E\langle A_k x_k + B_{1,k} u_k + B_{2,k} u_k, \lambda_k \rangle - E\langle x_k, E(A_k' \lambda_k - C'C x_k) \rangle$$

$$= E\langle B_{1,k} u_k + B_{2,k} u_k, \lambda_k \rangle - E\langle x_k, -C'C x_k \rangle \tag{4-10}$$

对式(4-10)两边从 $0 \sim N$ 求和,那么

$$E\langle x_{N+1}, P_{1,N+1} x_{N+1} \rangle + \sum_{k=0}^{N} E\langle x_k, C'C x_k \rangle$$

$$= E\langle x_0, \lambda_{-1} \rangle + \sum_{k=0}^{N} E\langle B_{1,k} u_k + B_{2,k} v_k, \lambda_k \rangle \tag{4-11}$$

将式(4-11)代入性能指标 J_{∞},得到以下关系式

$$J_{\infty} = \sum_{k=0}^{N} E[\gamma^2 \parallel v_k \parallel^2 - u_k' D'D u_k] + E\langle x_0, \lambda_{-1} \rangle + \sum_{k=0}^{N} E\langle B_{1,k} u_k + B_{2,k} v_k, \lambda_k \rangle$$

$$= E\langle x_0, \lambda_{-1} \rangle + \sum_{k=0}^{N} E[u_k' B_{1,k} \lambda_k - u_k' D'D u_k] + \sum_{k=0}^{N} E[v_k'(\gamma^2 v_k + B_{2,k}' \lambda_k)]$$

$$(4\text{-}12)$$

由于解的存在且唯一特性，所以问题 $\min_{v_k} J_\infty$ 在约束条件式(4-2)下的解也具有唯一性。令 $u_k=0$，$\forall k$，问题简化为标准的线性二次型问题。因此，等式 $\lambda_k = P_{1,k+1} x_{k+1}$ 成立，即 $\eta_{1,k}=0$。当初始值选为 $x_0=0$，最优控制器为 $v_k^*=0(0\leqslant i\leqslant N)$ 时，该问题的最优性能指标是 $J_\infty^*=0$，在任意非零控制输入的前提下其性能指标都是正定的。令 $x_0=0$、$u_k=0(k\geqslant0))$、$v_0\neq0$、$v_k=0(k>0)$，式(4-12)满足如下等式

$$J_\infty = \sum_{k=0}^{N} E[v_0'(\gamma^2 I + B_{2,k}' P_{1,k+1} B_{2,k}) v_0]$$

$$(4\text{-}13)$$

因此，当 $u=0$ 并且 $v=0$ 时，J_∞ 具有极小值 0。这意味着以上性能指标 J_∞ 的值在 $v_0\neq0$ 时是恒正的。因此，$\Omega_{1,1}=\gamma^2 I + B_{2,0}' P_{1,1} B_{2,0}>0$。当初始值选为 $1\leqslant k\leqslant N$ 时，用同样的方法可以得到 $\Omega_{1,k+1}>0$。证毕。

下面给出 $\eta_{1,k}>0$ 和 $P_{1,k}>0$ 的表达式。

引理 4.2： $\eta_{1,k-1}$ 满足如下等式

$$\eta_{1,k-1} = E[A_k' P_{1,k+1} \widetilde{B}_{1,k}] u_k + E[\overline{A}' \eta_{1,k} \mid \widetilde{F}_{k-1}]$$

$$(4\text{-}14)$$

其中，$\eta_{1,N}=0$。

$P_{1,k}$ 满足如下的 Riccati 方程

$$P_{1,k} = A' P_{1,k+1} A + \overline{A}' P_{1,k+1} \overline{A} - [B_{2,k}' P_{1,k+1} A +$$

$$B_2' P_{1,k+1} \overline{A}]'(\Omega_{1,k+1})^{-1}[B_2' P_{1,k+1} A + B_2' P_{1,k+1} \overline{A}] - C'C \quad (4\text{-}15)$$

其中，$P_{1,N+1}=0$。

证明： 式(4-5)给出的终端值意味着 $\eta_{1,N}=0$，如果式(4-8)在时刻 k 成立，即，$\lambda_k = P_{1,k+1} x_{k+1} + \eta_{1,k}$。假设式(4-8)在时刻 $k-1$ 时成立。将式(4-17)和 $\lambda_k = P_{1,k+1} x_{k+1} + \eta_{1,k}$ 代入式(4-6)，得到

$$\lambda_{k-1} = E[A_k'(\eta_{1,k} + P_{1,k+1} x_{k+1}) \mid \widetilde{F}_{k-1}] - C'C x_k$$

$$= E[A_k' \eta_{1,k} \mid \widetilde{F}_{k-1}] + E[A_k' P_{1,k+1} \widetilde{A}_k] x_k + E[A_k' P_{1,k+1} B_{1,k}' u_k \mid \widetilde{F}_{k-1}] -$$

$$E[A_k' P_{1,k+1} B_{2,k} (\Omega_{1,k+1})^{-1} E[B_{2,k}' \eta_{1,k} \mid \widetilde{F}_{k-1}]] - C'C x_k$$

$$= E[A_k' P_{1,k+1} \widetilde{A}_k - C'C] x_k + E[A_k' P_{1,k+1} \widetilde{B}_{1,k} u_k] + E[\widetilde{A}_k' \eta_{1,k} \mid \widetilde{F}_{k-1}]$$

将上式与式(4-8)对比，分别得到下述表达式

$$P_{1,k} = E[A_k' P_{1,k+1} \widetilde{A}_k - C'C]$$

$$= E[A_k' P_{1,k+1} [A_k - B_{2,k} (\Omega_{1,k+1})^{-1} E(B_{2,k}' P_{1,k+1} A_k)] - C'C]$$

$$= E[A'_k P_{1,k+1} A_k - A'_k P_{1,k+1} B_{2,k} (\Omega_{1,k+1})^{-1} E(B'_{2,k} P_{1,k+1} A_k) - C'C]$$

$$= E[(A + \overline{A} w_k)' P_{1,k+1} (A + \overline{A} w_k) - (A + \overline{A} w_k)' P_{1,k+1} (B_2 + \overline{B}_2 w_k) \times$$

$$(\Omega_{1,k+1})^{-1} [(A + \overline{A} w_k)' P_{1,k+1} (B_2 + \overline{B}_2 w_k)]' - C'C]$$

$$= A' P_{1,k+1} A + A' P_{1,k+1} \overline{A} - [B'_2 P_{1,k+1} A + B'_2 P_{1k+1} \overline{A}]' \times$$

$$(\Omega_{1,k+1})^{-1} [B'_2 P_{1,k+1} A + B'_2 P_{1,k+1} \overline{A}] - C'C$$

$$\eta_{1,k-1} = E[A'_k P_{1,k+1} \widetilde{B}_{1,k} u_k] + E[\widetilde{A}'_k \eta_{1,k} | \widetilde{F}_{k-1}]$$

$$= E[A'_k P_{1,k+1} (B_{1,k} - B_{2,k} (\Omega_{1,k+1})^{-1} (B'_2 P_{1,k+1} B_1 +$$

$$B' P_{1,k+1} \overline{B}_2))] u_k + E[\widetilde{A}'_k \eta_{1,k} | \widetilde{F}_{k-1}]$$

$$= E[\widetilde{A}'_k \eta_{1,k} | \widetilde{F}_{k-1}] + [A' P_{1,k+1} B_1 + \overline{A}' P_{1,k+1} B_1 -$$

$$A' P_{1,k+1} B_2 (\Omega_{1,k+1})^{-1} (B'_2 P_{1,k+1} B_1 + B'_2 P_{1,k+1} \overline{B}_1) -$$

$$\overline{A}' P_{1,k+1} \overline{B}_2 (\Omega_{1,k+1})^{-1} (B'_2 P_{1,k+1} B_1 + B'_2 P_{1,k+1} \overline{B}_1)] u_k$$

证毕。

注 4.3：根据边值定理，Riccati 方程的求解需要经由 $P_{1,N+1}$ 的终值得出，因此，需要提前设置 $P_{1,N+1}$ 的数值。实际上，在标准的 LQ 问题中[101]，性能指标是 $J = x'_{N+1} P_{N+1} x_{N+1} + \sum_{k=0}^{N} (x'_k Q x_k + u'_k R u_k)$，其中，矩阵 P_{N+1} 和 Q 是对称、半正定的，R 是对称半正定的。通过比较，在性能指标函数式(4-4)中，终端值为 0，这意味着 $P_{1,N+1} = 0$。

结合引理 4.1 和式(4-9)，跟随者的最优控制器可以被写为

$$v_k = -(\Omega_{1,k+1})^{-1} E[B'_{2,k} P_{1,k+1} A_k x_k + B'_{2,k} P_{1,k+1} B_{1,k} u_k + B'_{2,k} \eta_{1,k} | \widetilde{F}_{k-1}]$$

$$(4-16)$$

将 v_k 代入式(4-2)，那么

$$x_{k+1} = \widetilde{A}_k x_k + \widetilde{B}_{2,k} u_k - B_{2,k} (\Omega_{1,k+1})^{-1} E[B'_{2,k} \eta_{1,k} | \widetilde{F}_{k-1}] \quad (4-17)$$

式中，$\widetilde{A}_k = A_k - B_{2,k} (\Omega_{1,k+1})^{-1} E(B'_{2,k} P_{1,k+1} A_k)$，$\widetilde{B}_{1,k} = B_{1,k} - B_{2,k} (\Omega_{1,k+1})^{-1} E[B'_{2,k} P_{1,k+1} B_{1,k}]$。

新的状态方程式(4-17)将被用到领导者的优化控制中。

运用相似的方法，分析领导者的优化过程，该过程受到式(4-14)以及状态方程式(4-17)的约束

$$\min_u J_2 \ \text{s.t.} \ \text{式(4-14) 和式(4-17)} \quad (4-18)$$

再次运用极大值原理，得到领导者的控制器满足的必要条件如下

$$\alpha_{k-1} = C'C x_k + E[\widetilde{A}'_k \alpha_k | \widetilde{F}_{k-1}] \quad (4-19)$$

$$\beta_{k+1} = \widetilde{A}_k \beta_k - B_{2,k}(\Omega_{1,k+1})^{-1} E[B'_{2,k}\alpha_k \mid \widetilde{F}_{k-1}] \qquad (4\text{-}20)$$

$$0 = E[D'Du_k + \widetilde{B}_{1,k} P_{1,k+1} A_k \beta_k + \widetilde{B}'_{1,k}\alpha_k \mid \widetilde{F}_{k-1}] \qquad (4\text{-}21)$$

式中,α_k 和 β_k 是具有适当维数的向量,并且分别具有终端值 $\alpha_N = P_{2,N+1}x_{N+1}$ 和初始值 $\beta_0 = 0$。

为了获取领导者的控制器,结合以上条件,引入一个新的伴随状态变量 $\eta_{2,k-1}$ 来刻画 α_{k-1} 和 $P_{2,k}$ 之间的非齐次关系

$$\eta_{2,k-1} = \alpha_{k-1} - P_{2,k}x_k \qquad (4\text{-}22)$$

其中,$\eta_{2,k}$ 和 $P_{2,k}$ 由以下引理得出。

引理 4.3:变量 $\eta_{2,k-1}$ 满足的倒向差分方程为

$$\eta_{2,k-1} = E[\widetilde{A}'_k \eta_{2,k} \mid \widetilde{F}_{k-1}] - E[\widetilde{A}'_k P_{2,k+1} B_{2,k}(\Omega_{1,k+1})^{-1} \times E(B'_{2,k}\eta_{1,k} \mid \widetilde{F}_{k-1})] +$$
$$E[\widetilde{A}'_k P_{2,k+1}\widetilde{B}_{1,k}]u_k \qquad (4\text{-}23)$$

矩阵 $P_{2,k}$ 满足以下等式

$$P_{2,k} = C'C + E[\widetilde{A}'_k P_{2,k+1}\widetilde{A}_k] \qquad (4\text{-}24)$$

证明:显然,在时刻 $k=N$ 时 $\alpha_N = P_{2,N+1}x_{N+1}$ 成立,则有 $\eta_{2,N} = 0$。假设式(4-22)在时刻 k 成立,即,$\alpha_k = P_{2,k+1}x_{k+1} + \eta_{2,k}$。将 $\alpha_k = P_{2,k+1}x_{k+1} + \eta_{2,k}$ 代入式(4-19),得到

$$\alpha_{k-1} = C'Cx_k + E[\widetilde{A}'_k \alpha_k \mid \widetilde{F}_{k-1}]$$

$$= C'Cx_k + E[\widetilde{A}'_k(\eta_{2,k} + P_{2,k+1}x_{k+1}) \mid \widetilde{F}_{k-1}]$$

$$= C'Cx_k + E[\widetilde{A}'_k[\eta_{2,k} + P_{2,k+1}[\widetilde{A}_k x_k + \widetilde{B}_{1,k}\mu_k - B_{2,k}(\Omega_{1,k+1})^{-1} E(B'_{2,k}\eta_{1,k} \mid$$
$$\widetilde{F}_{k-1})]] \mid \widetilde{F}_{k-1}]$$

$$= C'Cx_k + E[\widetilde{A}'_k P_{2,k+1}\widetilde{A}_k x_k] + E[\widetilde{A}'_k \eta_{2,k} \mid \widetilde{F}_{k-1}] + E[\widetilde{A}'_k P_{2,k+1} \times$$
$$B_{1,k}u_k \mid \widetilde{F}_{k-1}] - E[\widetilde{A}'_k P_{2,k+1} B_{2,k}(\Omega_{1,k+1})^{-1} E(B'_{2,k}\eta_{1,k} \mid \widetilde{F}_{k-1})]$$

通过上式可以得出式(4-22)在时刻 $k-1$ 成立。对比式(4-22),得到

$$P_{2,k} = C'C + E[\widetilde{A}'_k P_{2,k+1}\widetilde{A}_k]$$

$$= C'C + A'P_{2,k+1}A + \overline{A}'P_{2,k+1}\overline{A} - A'P_{2,k+1}B_2(\Omega_{1,k+1})^{-1}B'_2 P_{1,k+1}A -$$
$$\overline{A}'P_{2,k+1}\overline{B}_2(\Omega_{1,k+1})^{-1}\overline{B}'_2 P_{1,k+1}\overline{A} - [B_2(\Omega_{1,k+1})^{-1}B'_2 P_{1,k+1}A]'P_{2,k+1}A -$$
$$[\overline{B}_2(\Omega_{1,k+1})^{-1}\overline{B}'_2 P_{1,k+1}\overline{A}]'P_{2,k+1}\overline{A} + [B_2(\Omega_{1,k+1})^{-1}B'_2 P_{1,k+1}A]'P_{2,k+1} \times$$
$$[B_2(\Omega_{1,k+1})^{-1}B'_2 P_{1,k+1}A] + [\overline{B}_2(\Omega_{1,k+1})^{-1}\overline{B}'_2 P_{1,k+1}\overline{A}]' \times$$
$$P_{2,k+1}[\overline{B}_2(\Omega_{1,k+1})^{-1}\overline{B}'_2 P_{1,k+1}\overline{A}]$$

并且

$$\eta_{2,k-1} = E[\widetilde{A}'_k \eta_{2,k} \mid \widetilde{F}_{k-1}] + E[\widetilde{A}'_k P_{2,k+1} \widetilde{B}_{1,k}] u_k -$$

$$E[\widetilde{A}'_k P_{2,k+1} B_{2,k} (\Omega_{1,k+1})^{-1} E[B'_{2,k} \eta_{1,k} \mid \widetilde{F}_{k-1}]]$$

$$= E[\widetilde{A}'_k \eta_{2,k} \mid \widetilde{F}_{k-1}] - E[\widetilde{A}'_k P_{2,k+1} B_{2,k} (\Omega_{1,k+1})^{-1} E[B'_{2,k} \eta_{1,k} \mid \widetilde{F}_{k-1}]] +$$

$$[A' P_{2,k+1} B_1 + \overline{A}' P_{2,k+1} \overline{B}_1 - A' P_{2,k+1} B_2 (\Omega_{1,k+1})^{-1} (B'_2 P_{1,k+1} B_1 +$$

$$\overline{B}'_2 P_{1,k+1} \overline{B}_1) - \overline{A}' P_{2,k+1} B_2 (\Omega_{1,k+1})^{-1} (B'_2 P_{1,k+1} B_1 + \overline{B}'_2 P_{1,k+1} \overline{B}_1) -$$

$$(B'_2 P_{1,k+1} A + \overline{B}'_2 P_{1,k+1} \overline{A})' (\Omega_{1,k+1})^{-1} B'_2 P_{2,k+1} B_1 - (B'_2 P_{1,k+1} A +$$

$$B'_2 P_{1,k+1} \overline{A})' (\Omega_{1,k+1})^{-1} \overline{B}'_2 P_{2,k+1} \overline{B}_1 + (B'_2 P_{1,k+1} A + \overline{B}'_2 P_{1,k+1} \overline{A})' \times$$

$$(\Omega_{1,k+1})^{-1} B'_2 P_{2,k+1} B_2 (\Omega_{1,k+1})^{-1} (B'_2 P_{1,k+1} B_1 + \overline{B}'_2 P_{1,k+1} \overline{B}_1) +$$

$$(B'_2 P_{1,k+1} \overline{B}'_2 P_{1,k+1} \overline{A})' (\Omega_{1,k+1})^{-1} \overline{B}'_2 P_{2,k+1} \overline{B}_2 (\Omega_{1,k+1})^{-1} \times$$

$$(B'_2 P_{1,k+1} B_1 + \overline{B}'_2 P_{1,k+1} \overline{B}_1)] u_k$$

证毕。

注 4.4：在文献[21]中，研究了存在状态和干扰相关噪声的有限时间域离散时间随机 H_2/H_∞ 控制问题。该控制问题的求解等同于求解四个耦合的矩阵方程。然而，该文献的定理1中耦合方程式(8)~式(12)的迭代过程要比本文中得到的式(4-15)和式(4-24)复杂得多。需要强调的是，状态反馈 H_2/H_∞ 控制器在该文献中也被提及，该文献中对这种控制器的求解等同于寻求纳什均衡解。作为比较，采用领导者-跟随者随机博弈问题得到的是开环解。

通过式(4-21)，得到

$$0 = D'D u_k + E[\widetilde{B}'_{1,k} (\eta_{2,k} + P_{2,k+1} x_{k+1}) \mid \widetilde{F}_{k-1}] + E[\widetilde{B}'_{1,k} P_{1,k+1} A_k \beta_k]$$

$$= \Omega_{2,k+1} u_k + E[\widetilde{B}'_{1,k} P_{2,k+1} A_k] x_k + E[\widetilde{B}'_{1,k} P_{1,k+1} A_k \beta_k] +$$

$$E[\widetilde{B}'_{1,k} \eta_{2,k} \mid \widetilde{F}_{k-1}] - E[\widetilde{B}'_{1,k} P_{2,k+1} B_{2,k} (\Omega_{1,k+1})^{-1} \mid \widetilde{F}_{k-1}] +$$

$$E[B'_{2,k} \eta_{1,k} \mid \widetilde{F}_{k-1}] \tag{4-25}$$

式中，$\Omega_{2,k+1} = D'D + E[\widetilde{B}'_{1,k} P_{2,k+1} \widetilde{B}_{1,k}]$。

为了获得控制器 u_k 的显式解，要验证矩阵 $\Omega_{2,k+1}$ 是可逆的。

引理 4.4：由于该问题的优化解存在且唯一，那么矩阵 $\Omega_{2,k+1}$ 是正定的。

证明：证明过程类似引理4.1，在此省略。

通过引理4.4，领导者的控制器可以写为

$$u_k = -(\Omega_{2,k+1})^{-1} [E[\widetilde{B}'_{1,k} P_{2,k+1} \widetilde{A}_k] x_k + E[\widetilde{B}'_{1,k} P_{1,k+1} A_k \beta_k] +$$

$$E[\widetilde{B}'_{1,k} \eta_{2,k} \mid \widetilde{F}_{k-1}] - E[\widetilde{B}'_{1,k} P_{2,k+1} B_{2,k} (\Omega_{1,k+1})^{-1} \times$$

$$B'_{2,k} \eta_{1,k} \mid \widetilde{F}_{k-1}]] \tag{4-26}$$

注 4.5：在式(4-16)和式(4-26)中分别有很多变量。由于两个倒向变量 $\eta_{1,k}$ 和 $\eta_{2,k}$ 的影响,导致所获得的平衡方程具有非因果性。所以为了获得控制器的显式表达式,有必要做进一步考虑。在下面的描述中,一个拓展的状态空间将被引入,进而获得变量的因果关系。

将式(4-22)代入式(4-20),那么式(4-20)可以被写为

$$
\begin{aligned}
\beta_{k+1} =& \widetilde{A}_k \beta_k - B_{2,k}(\Omega_{1,k+1})^{-1} E[B_{2,k}'\alpha_k \mid \widetilde{F}_{k-1}] \\
=& \widetilde{A}_k \beta_k - B_{2,k}(\Omega_{1,k+1})^{-1} E[B_{2,k}'[\eta_{2,k} + P_{2,k+1}x_{k+1}] \mid \widetilde{F}_{k-1}] \\
=& \widetilde{A}_k \beta_k - B_{2,k}(\Omega_{1,k+1})^{-1} E[B_{2,k}'\eta_{2,k} \mid \widetilde{F}_{k-1}] - B_{2,k}(\Omega_{1,k+1})^{-1} \times \\
& E[B_{2,k}'P_{2,k+1}\widetilde{A}_k x_k \mid \widetilde{F}_{k-1}] - B_{2,k}(\Omega_{1,k+1})^{-1} E[B_{2,k}'P_{2,k+1}\widetilde{B}_{1,k}\mu_k \mid \widetilde{F}_{k-1}] + \\
& B_{2,k}(\Omega_{1,k+1})^{-1} E[B_{2,k}'P_{2,k+1}B_{2,k}(\Omega_{1,k+1})^{-1}B_{2,k}'\eta_{1,k} \mid \widetilde{F}_{k-1}] \quad (4\text{-}27)
\end{aligned}
$$

定义 $\eta_{k-1} = [\eta_{1,k-1}' \ \eta_{2,k-1}']'$, $\sigma_k = [\beta_k' \ x']'$。

结合式(4-14),式(4-17),式(4-23)和式(4-27),得到

$$
\eta_{k-1} = E[C_k'\eta_k \mid \widetilde{F}_{k-1}] + E[F_k]u_k \quad (4\text{-}28)
$$

$$
\sigma_{k+1} = C_k\sigma_k + E[D_k\eta_k \mid \widetilde{F}_{k-1}] + S_k u_k \quad (4\text{-}29)
$$

其中,初始值 $\sigma_0 = [0 \ x_0]'$,终端值 $\eta_N = [0 \ 0]'$。

$$
C_k = \begin{vmatrix} \widetilde{A}_k & -B_{2,k}(\Omega_{k+1}^1)^{-1}E[B_{2,k}'P_{2,k+1}\widetilde{A}_k] \\ 0 & \widetilde{A}_k \end{vmatrix}, \quad F_k = \begin{bmatrix} A_k'P_{1,k+1}\widetilde{B}_{1,k} \\ \widetilde{A}_k'P_{2,k+1}\widetilde{B}_{1,k} \end{bmatrix}
$$

$$
D_k = \begin{bmatrix} D_{11,k} & -B_{2,k}(\Omega_{1,k+1})^{-1}B_{2,k}' \\ -B_{2,k}(\Omega_{1,k+1})^{-1}B_{2,k}' & 0 \end{bmatrix}, \quad S_k = \begin{bmatrix} S_{1,k} \\ \widetilde{B}_{1,k} \end{bmatrix}
$$

式中,$D_{11,k} = B_{2,k}(\Omega_{1,k+1})^{-1}B_{2,k}'P_{2,k+1}B_{2,k}(\Omega_{1,k+1})^{-1}B_{2,k}'$, $S_{1,k} = -B_{2,k}(\Omega_{1,k+1})^{-1} \times E[B_{2,k}'P_{2,k+1}\widetilde{B}_{1,k}]$。

注 4.6：动态方程式(4-28)被用来构造包含 $\eta_{1,k}$ 和 $\eta_{2,k}$ 的拓展状态空间。通过引理 4.2 和引理 4.3 的描述可以看到 $\eta_{1,k}$ 和 $\eta_{2,k}$ 是终值驱动的,所以式(4-28)可以被倒向求解。

根据以上描述,可以将式(4-26)重新写为

$$
u_k = -(\Omega_{2,k+1})^{-1} E[F_k'\sigma_k + S_k'\eta_k \mid \widetilde{F}_{k-1}] \quad (4\text{-}30)
$$

将式(4-30)代入式(4-28)和式(4-29),得到

$$
\sigma_{k+1} = C_k^{\tau}\sigma_k + E[D_k^{\tau}\eta_k \mid \widetilde{F}_{k-1}] \quad (4\text{-}31)
$$

$$
\eta_{k-1} = E[C_k^{\tau'}\eta_k \mid \widetilde{F}_{k-1}] - E[F_k](\Omega_{2,k+1})^{-1}E[F_k']\sigma_k \quad (4\text{-}32)
$$

式中,$C_k^{\tau} = C_k - S_k(\Omega_{2,k+1})^{-1}E[F_k']$, $D_k^{\tau} = D_k - S_k(\Omega_{2,k+1})^{-1}E[S_k']$。

注 4.7：上述问题的关键是获得显式表达式(4-31)和式(4-32)。FBSDEs 在最优控制，博弈控制等问题中得到了广泛的应用。在一些文献中，有很多对正倒向微分方程的探讨。文献[12]中，通过在广义代数 Riccati 方程的基础上建立起来的关于正倒向项目的显性关系是得到自适应解的关键。通过引入一个伴随的倒向随机差分方程，最优控制器以反馈解的形式被显性地表达出来。

在变量 σ 和 η 之间建立一个齐次关系。

$$\eta_{k-1}=\Delta_k\sigma_k \tag{4-33}$$

很明显在 $k=N+1$ 时，$\eta_N=\Delta_{N+1}\sigma_{N+1}$ 成立，所以 $\Delta_{N+1}=0$ 也成立。

将式(4-33)代入式(4-31)：

$$\sigma_{k+1}=C_k^\tau\sigma_k+E[D_k^\tau\eta_k\mid\widetilde{F}_{k-1}]$$
$$=C_k^\tau\sigma_k+E[D_k^\tau\Delta_{k+1}\sigma_{k+1}\mid\widetilde{F}_{k-1}] \tag{4-34}$$

对上式两边求期望,得到

$$E[\sigma_{k+1}\mid\widetilde{F}_{k-1}]=E[C_k^\tau]\sigma_k+\overline{D}_k^\tau\Delta_{k+1}E[\sigma_{k+1}\mid\widetilde{F}_{k-1}]+$$
$$\widetilde{D}_k^\tau\Delta_{k+1}E[w_k\sigma_{k+1}\mid\widetilde{F}_{k-1}] \tag{4-35}$$

并且

$$E[w_k\sigma_{k+1}\mid\widetilde{F}_{k-1}]=E[w_kC_k^\tau]\sigma_k+\widetilde{D}_k^\tau\Delta_{k+1}E[\sigma_{k+1}\mid\widetilde{F}_{k-1}]+$$
$$\overline{D}_k^\tau\Delta_{k+1}E[w_k\sigma_{k+1}\mid\widetilde{F}_{k-1}] \tag{4-36}$$

式中，$\overline{D}_k^\tau=E[D_k^\tau]=E[w_kD_k^\tau w_k']$，$\widetilde{D}_k^\tau=E[D_k^\tau w_k']=E[w_kD_k^\tau]$。

对式(4-35)和式(4-36)做一个简写的形式

$$\begin{bmatrix}E[\sigma_{k+1}\mid\widetilde{F}_{k-1}]\\E[w_k\sigma_{k+1}\mid\widetilde{F}_{k-1}]\end{bmatrix}=\begin{bmatrix}E[C_k^\tau]\\E[w_kC_k^\tau]\end{bmatrix}\sigma_k+\begin{bmatrix}\overline{D}_k^\tau\Delta_{k+1}&\widetilde{D}_k^\tau\Delta_{k+1}\\\widetilde{D}_k^\tau\Delta_{k+1}&\overline{D}_k^\tau\Delta_{k+1}\end{bmatrix}\begin{bmatrix}E[\sigma_{k+1}\mid\widetilde{F}_{k-1}]\\E[w_k\sigma_{k+1}\mid\widetilde{F}_{k-1}]\end{bmatrix}$$

通过转置，上式可以被写为

$$\left(I-\begin{bmatrix}\overline{D}_k^\tau\Delta_{k+1}&\widetilde{D}_k^\tau\Delta_{k+1}\\\widetilde{D}_k^\tau\Delta_{k+1}&\overline{D}_k^\tau\Delta_{k+1}\end{bmatrix}\right)\begin{bmatrix}E[\sigma_{k+1}\mid\widetilde{F}_{k-1}]\\E[w_k\sigma_{k+1}\mid\widetilde{F}_{k-1}]\end{bmatrix}=\begin{bmatrix}E[C_k^\tau]\\E[w_kC_k^\tau]\end{bmatrix}\sigma_k \tag{4-37}$$

下面通过引理 4.5 来验证矩阵 $I-\begin{bmatrix}\overline{D}_k^\tau\Delta_{k+1}&\widetilde{D}_k^\tau\Delta_{k+1}\\\widetilde{D}_k^\tau\Delta_{k+1}&\overline{D}_k^\tau\Delta_{k+1}\end{bmatrix}$ 的可逆性。

引理 4.5：随机 H_2/H_∞ 优化问题存在唯一解，那么矩阵 $I-\begin{bmatrix}\overline{D}_k^\tau\Delta_{k+1}&\widetilde{D}_k^\tau\Delta_{k+1}\\\widetilde{D}_k^\tau\Delta_{k+1}&\overline{D}_k^\tau\Delta_{k+1}\end{bmatrix}$ 是可逆的。

证明：令 $[y_i\quad\overline{y}_i]'$，$i=1,2$ 是式(4-37)的两个解，那么

$$\left(I-\begin{bmatrix} \overline{D}_k^\tau \Delta_{k+1} & \widetilde{D}_k^\tau \Delta_{k+1} \\ \widetilde{D}_k^\tau \Delta_{k+1} & \overline{D}_k^\tau \Delta_{k+1} \end{bmatrix}\right)\begin{bmatrix} y_i \\ \overline{y}_i \end{bmatrix}=\begin{bmatrix} E[C_k^\tau] \\ E[w_k C_k^\tau] \end{bmatrix}x_k$$

定义 $z_i = y_i + w_k \overline{y}_i$,那么 $y_i = E[z_i \mid \widetilde{F}_{k-1}]$,$\overline{y}_i = E[w_k z_i \mid \widetilde{F}_{k-1}]$。

$$z_i = y_i + w_k \overline{y}_i$$

$$= E[C_k^\tau]\sigma_k + \overline{D}_k^\tau \Delta_{k+1} y_i + \widetilde{D}_k^\tau \Delta_{k+1} \overline{y}_i +$$

$$\quad w_k E[w_k C_k^\tau]\sigma_k + w_k \widehat{D}_k^\tau \Delta_{k+1} y_i + w_k \widecheck{D}_k^\tau \Delta_{k+1} \overline{y}_i$$

$$= [E[C_k^\tau] + w_k E[w_k C_k^\tau]]\sigma_k + (\overline{D}_k^\tau + w_k \widehat{D}_k^\tau)\Delta_{k+1} y_i + (\widetilde{D}_k^\tau + w_k \widecheck{D}_k^\tau)\Delta_{k+1}\overline{y}_i$$

$$= [E[C_k^\tau] + w_k E[w_k C_k^\tau]]\sigma_k + (\overline{D}_k^\tau + w_k \widehat{D}_k^\tau)\Delta_{k+1} E[z_i \mid \widetilde{F}_{k-1}] +$$

$$\quad (\widetilde{D}_k^\tau + w_k \widehat{D}_k^\tau)\Delta_{k+1} E[w_i z_i \mid \widetilde{F}_{k-1}]$$

$$= C_k^\tau \sigma_k + E[D_k^\tau \Delta_{k+1} z_i \mid \widetilde{F}_{k-1}]$$

以上等式平行于式(4-34),这就是说 $z_i(i=1,2)$ 是式(4-34)的解。注意到 $E\|z_1 - z_2\|^2 = E\|y_1 - y_2\|^2 + E\|\overline{y}_1 - \overline{y}_2\|^2$,由于式(4-34)的解的唯一性,可以得到 $y_1 = y_2$,$\overline{y}_1 = \overline{y}_2$,这确保了唯一解的存在。显然,矩阵 $I - \begin{bmatrix} \overline{D}_k^\tau \Delta_{k+1} & \widetilde{D}_k^\tau \Delta_{k+1} \\ \widetilde{D}_k^\tau \Delta_{k+1} & \overline{D}_k^\tau \Delta_{k+1} \end{bmatrix}$ 是可逆的,那么

$$\begin{bmatrix} E[\sigma_{k+1} \mid \widetilde{F}_{k-1}] \\ E[w_k \sigma_{k+1} \mid \widetilde{F}_{k-1}] \end{bmatrix}=\left(I-\begin{bmatrix} \overline{D}_k^\tau \Delta_{k+1} & \widetilde{D}_k^\tau \Delta_{k+1} \\ \widetilde{D}_k^\tau \Delta_{k+1} & \overline{D}_k^\tau \Delta_{k+1} \end{bmatrix}\right)^{-1}\begin{bmatrix} E[C_k^\tau] \\ E[w_k C_k^\tau] \end{bmatrix}\sigma_k \quad (4\text{-}38)$$

证毕。

综合考虑引理 4.5 和式(4-32),得到

$$\eta_{k-1} = [E[C_k^{\tau'}]\Delta_{k+1} \quad E[w_k C_k^{\tau'}]\Delta_{k+1}]\left(I-\begin{bmatrix} \overline{D}_k^\tau \Delta_{k+1} & \widetilde{D}_k^\tau \Delta_{k+1} \\ \widetilde{D}_k^\tau \Delta_{k+1} & \overline{D}_k^\tau \Delta_{k+1} \end{bmatrix}\right)^{-1} \times$$

$$\begin{bmatrix} E[C_k^{\tau'}] \\ E[w_k C_k^{\tau'}] \end{bmatrix}\sigma_k - E[F_k](\Omega_{2,k+1})^{-1}E[F_k']\sigma_k$$

即

$$\eta_{k-1} = \Delta_k \sigma_k \quad (4\text{-}39)$$

其中,Δ_k 满足以下等式

$$\Delta_k = \begin{bmatrix} E[C_k^{\tau'}]\Delta_{k+1} & E[w_k C_k^{\tau'}]\Delta_{k+1} \end{bmatrix} \left(I - \begin{bmatrix} \overline{D}_k^{\tau}\Delta_{k+1} & \widetilde{D}_k^{\tau}\Delta_{k+1} \\ \widetilde{D}_k^{\tau}\Delta_{k+1} & \overline{D}_k^{\tau}\Delta_{k+1} \end{bmatrix} \right)^{-1} \times$$

$$\begin{bmatrix} E[C_k^{\tau'}] \\ E[w_k C_k^{\tau'}] \end{bmatrix} - E[F_k'](\Omega_{2,k+1})^{-1}E[F_k] \tag{4-40}$$

注 4.8：离散时间线性随机 H_2/H_∞ 控制问题得到很多学者的关注，例如文献 [21] 和文献 [22]，其中 (u^*, v^*) 是一对纳什均衡解，并且满足 $J_\infty(u^*, v^*) \leqslant J_\infty(u^*, v), J_2(u^*, v^*) \leqslant J_2(u, v^*)$。求解该混合 H_2/H_∞ 控制问题等同于求解四个耦合的矩阵方程。由于这对解具有对称性，使得它们不是标准意义下的随机系统混合 H_2/H_∞ 控制问题的解，而是被转化后的纳什博弈问题的解。

定理 4.1：对于在状态、控制输入以及扰动中都具有乘性噪声的混合控制问题，H_2/H_∞ 控制当且仅当 $\Omega_{i,k+1}(i=1,2)$ 是正定时存在唯一的控制器。该控制器如下所示

$$u_k = -(\Omega_{2,k+1})^{-1}\widetilde{R}_{u,k+1}\sigma_k \tag{4-41}$$

$$v_k = -(\Omega_{1,k+1})^{-1}\widetilde{R}_{v,k+1}\sigma_k \tag{4-42}$$

其中

$$\widetilde{R}_{u,k+1} = E[F_k'] + \begin{bmatrix} E[S_k']\Delta_{k+1} & E[w_k S']\Delta_{k+1} \end{bmatrix} \times$$

$$\left(I - \begin{bmatrix} \overline{D}_k^{\tau}\Delta_{k+1} & \widetilde{D}_k^{\tau}\Delta_{k+1} \\ \widehat{D}_k^{\tau}\Delta_{k+1} & \widetilde{D}_k^{\tau}\Delta_{k+1} \end{bmatrix} \right)^{-1} \begin{bmatrix} E[C_k^{\tau'}] \\ E[w_k C_k^{\tau'}] \end{bmatrix}$$

$$\widetilde{R}_{v,k+1} = E[\widetilde{K}_{1,v}] + \begin{bmatrix} E[\widetilde{K}_{2,v}]\Delta_{k+1} & E[w_k \widetilde{K}_{2,v}]\Delta_{k+1} \end{bmatrix} \times$$

$$\left(I - \begin{bmatrix} \overline{D}_k^{\tau}\Delta_{k+1} & \widetilde{D}_k^{\tau}\Delta_{k+1} \\ \widehat{D}_k^{\tau}\Delta_{k+1} & \check{D}_k^{\tau}\Delta_{k+1} \end{bmatrix} \right)^{-1} \begin{bmatrix} E[C_k^{\tau'}] \\ E[w_k C_k^{\tau'}] \end{bmatrix}$$

$$\widetilde{K}_{1,v} = \begin{bmatrix} 0 & B_{2,k}'P_{1,k+1}A_k \end{bmatrix} - B_{2,k}'P_{1,k+1}B_{1,k}(\Omega_{2,k+1})^{-1}\widetilde{R}_{u,k+1}, \widetilde{K}_{2,v} = \begin{bmatrix} B_{2,k}' & 0 \end{bmatrix}$$

证明：在优化问题式 (4-2)～式 (4-4) 的解存在且唯一的假设下得到引理 4.1 和引理 4.4 的结论，该结论作为必要条件描述了矩阵 $\Omega_{i,k+1}(i=1,2)$ 的正定性。下面给出充分性的证明。结合式 (4-2) 和式 (4-15)，得到

$$E[x_{k+1}'P_{1,k+1}x_{k+1}] - E[x_k'P_{1,k}x_k]$$

$$= E[(A_k x_k + B_{1,k}u_k + B_{2,k}v_k)'P_{1,k+1}(A_k x_k + B_{1,k}u_k + B_{2,k}v_k)] -$$

$$E[x_k'P_{1,k}x_k] \tag{4-43}$$

对式 (4-43) 两边从 0～N 求和，可以重新描述性能指标 J_∞

$$J_\infty = x_0' P_{1,0} x_0 + \sum_{k=0}^N E[(A_k x_k + B_{1,k} u_k + B_{2,k} v_k)' P_{1,k+1}(A_k x_k + B_{1,k} u_k +$$

$$B_{2,k} v_k)] - \sum_{k=0}^N E[u_k' D' D u_k + x_k'(C'C + P_{1,k}) x_k - \gamma^2 \| v_k \|^2] \quad (4\text{-}44)$$

对上式中的 v_k 求偏导,得到 $\partial^2 J_\infty / \partial v_k^2 = \Omega_{1,k+1}$。

如果 $\Omega_{1,k+1} > 0$,该优化问题存在唯一解。因此,跟随者的最优控制器是唯一的,并且 J_∞ 存在最小值。相似地,$\partial^2 J_2 / \partial u_k^2 = \Omega_{2,k+1}$,$\Omega_{2,k+1}$ 的正定性将确保领导者最优控制器 u_k 的存在且唯一性。

结合式(4-30)和式(4-33),将得到领导者的控制器式(4-41)。把式(4-41)代入式(4-16),得到跟随者的控制器式(4-42)。证毕。

注 4.9:在系统式(4-2)中,令 $\bar{A} = 0$,$\bar{B}_i = 0(i = 1, 2)$,这个问题将退化成确定性的离散时间混合 H_2/H_∞ 控制,即第 2 章考虑的问题。

$$x_{k+1} = A x_k + B_1 u_k + B_2 u_k$$

$$z_k = \begin{bmatrix} C x_k \\ D u_k \end{bmatrix}$$

接下来考虑最优性能指标。

定理 4.2:经过计算,得到最优性能指标为

$$J_\infty = E\langle x_0, \lambda_{-1} \rangle - \sum_{k=0}^N E[\sigma_k' \widetilde{R}_{u,k+1}'(\Omega_{2,k+1})^{-1} M_{1,k} \sigma_k] -$$

$$\sum_{k=0}^N \sigma_k' \widetilde{R}_{u,k+1}'(\Omega_{2,k+1})^{-1} \begin{bmatrix} B_{1,k}' & 0 \end{bmatrix} \Delta_{k+1} M_{2,k} \sigma_k \quad (4\text{-}45)$$

$$J_2 = E\langle x_0, \alpha_{-1} \rangle + \sum_{k=0}^N E[[\sigma_k' \widetilde{R}_{u,k+1}'(\Omega_{2,k+1})^{-1} B_{1,k}' P_{1,k+1} A_k \quad 0] \sigma_k] +$$

$$\sum_{k=0}^N E[\sigma_k' M_{2,k}' \Delta_{k+1}' [1 \quad 0]' B_{2,k}(\Omega_{1,k+1})^{-1} B_{2,k}' M_{3,k} \sigma_k] \quad (4\text{-}46)$$

其中

$$M_{1,k} = [0 \quad B_{1,k}' P_{1,k+1} A_k] - B_{1,k}' P_{1,k+1} B_{1,k}(\Omega_{2,k+1})^{-1} \widetilde{R}_{u,k+1} -$$

$$B_{1,k}' P_{1,k+1} B_{2,k}(\Omega_{1,k+1})^{-1} \widetilde{R}_{v,k+1} + D'D(\Omega_{2,k+1})^{-1} \widetilde{R}_{u,k+1}$$

$$M_{2,k} = E[C_k^\tau] + [E[D_k^\tau] \Delta_{k+1} \quad E[w_k D_k^\tau] \Delta_{k+1}] \times$$

$$\left(I - \begin{bmatrix} \bar{D}_k^\tau \Delta_{k+1} & \widetilde{D}_k^\tau \Delta_{k+1} \\ \hat{D}_k^\tau \Delta_{k+1} & \breve{D}_k^\tau \Delta_{k+1} \end{bmatrix} \right)^{-1} \begin{bmatrix} E[C_k^{\tau'}] \\ E[w_k C_k^{\tau'}] \end{bmatrix}$$

$$M_{3,k} = [0 \quad 1] \Delta_{k+1} M_{2,k} + P_{2,k+1}[0 \quad A_k] -$$

$$P_{2,k+1}B_{1,k}(\Omega_{2,k+1})^{-1}\widetilde{R}_{u,k+1} - P_{2,k+1}B_{2,k}(\Omega_{1,k+1})^{-1}\widetilde{R}_{v,k+1}$$

证明：综合考虑式(4-2)和式(4-6)，得到

$$E\langle x_{k+1},\lambda_k\rangle - E\langle x_k,\lambda_{k-1}\rangle$$

$$= E\langle B_{1,k}u_k + B_{2,k}v_k,\lambda_k\rangle - E\langle x_k,-C'Cx_k\rangle$$

分别对上式两边从 $0\sim N$ 求和，得到

$$E\langle x_{N+1},P_{1,N+1}x_{N+1}\rangle + \sum_{k=0}^{N}E\langle x_k,-C'Cx_k\rangle$$

$$= E\langle x_0,\lambda_{-1}\rangle + \sum_{k=0}^{N}E\langle B_{1,k}u_k + B_{2,k}v_k,\lambda_k\rangle$$

性能指标 J_∞ 可以写为以下形式

$$J_\infty = E\langle x_0,\lambda_{-1}\rangle + E\sum_{k=0}^{N}[\langle u_kB'_{1,k}\lambda_k - D'Du_k\rangle + \langle v_kB'_{2,k}\lambda_k + \gamma^2v_k\rangle]$$

$$= E\langle x_0,\lambda_{-1}\rangle + E\sum_{k=0}^{N}[\langle u_kB'_{1,k}(\eta_{1,k} + P_{1,k+1}x_{k+1}) - D'Du_k\rangle -$$

$$B'_{1,k}P_{1,k+1}B_{1,k}(\Omega_{2,k+1})^{-1}\widetilde{R}_{u,k+1} - B'_{1,k}P_{1,k+1}B_{2,k}(\Omega_{1,k+1})^{-1}\widetilde{R}_{v,k+1}]$$

$$= E\langle x_0,\lambda_{-1}\rangle - \sum_{k=0}^{N}E[\sigma'_k\widetilde{R}'_{u,k+1}(\Omega_{2,k+1})^{-1}M_{1,k}\sigma_k] -$$

$$\sum_{k=0}^{N}\sigma'_k\widetilde{R}'_{u,k+1}(\Omega_{2,k+1})^{-1}[B'_{1,k} \quad 0]\Delta_{k+1}M_{2,k}\sigma_k$$

应用相似的方法，领导者的性能指标 J_2 可写为如下形式

$$J_2 = E\langle x_0,\alpha_{-1}\rangle + \sum_{k=0}^{N}E\langle \widetilde{B}_{1,k}u_k - B_{2,k}(\Omega_{1,k+1})^{-1}E[B'_{2,k}\eta_{1,k} \mid \widetilde{F}_{k-1}],\alpha_k\rangle +$$

$$\sum_{k=0}^{N}E\langle u_k,D'Du_k\rangle$$

$$= E\langle x_0,\alpha_{-1}\rangle + \sum_{k=0}^{N}E[[\sigma'_k\widetilde{R}'_{u,k+1}(\Omega_{2,k+1})^{-1}\widetilde{B}'_{1,k}P_{1,k}A_k \quad 0]\sigma_k] +$$

$$\sum_{k=0}^{N}E[\sigma'_kM'_{2,k}\Delta'_{k+1}[1 \quad 0]'B_{2,k}(\Omega_{1,k+1})^{-1}E(B'_{2,k})M_{3,k}\sigma_k]$$

证毕。

4.3　数值例子

最优控制器的计算步骤如下：

(1) 求解 Riccati 方程获得 $P_{1,k}(k=1,2)$ 和 $P_{2,k}(k=1,2)$ 在任意时刻的终端值

$P_{1,3}=0, P_{2,3}=0$；

（2）计算定理 4.1 中的变量 $\widetilde{R}_{u,k+1}, \widetilde{R}_{v,k+1}$，其中 Δ_k 由式（4-40）获得，并且 $\Delta_3=0$；

（3）其他变量如 $F_k, S_k, \overline{D}_k^{\tau}$ 都由相关方程获得，例如 $\Omega_{1,k+1}$ 和 $\Omega_{2,k+1}$ 可以分别通过式（4-9）和式（4-25）获得；

（4）通过式（4-41）获得 u_k；

（5）通过式（4-42）获得 v_k。

考虑离散时间随机系统式（4-2）

$$A=0.6, \quad \overline{A}=1, \quad B_1=0.6, \quad \overline{B}_1=1,$$

$$B_2=0.7, \quad \overline{B}_2=0.5, \quad \sigma^2=1, \quad x_0=1$$

以及性能指标式（4-3）和式（4-4）

$$C'C=1, \quad D'D=1$$

令 $\gamma^2=2, P_{1,N+1}=P_{2,N+1}=\Delta_{N+1}=0, N=2$，通过运用以上迭代计算方法，可以分别得到 $P_{1,k}, P_{2,k}$ 和 Δ_k 的解

$$P_{1,1}=-2.03, \quad P_{1,2}=-1, \quad P_{1,3}=0,$$

$$P_{2,1}=4.09, \quad P_{2,2}=1, \quad P_{2,3}=0,$$

$$\Delta_1=\begin{bmatrix} -1 & 1.53 \\ 1.53 & -2.33 \end{bmatrix}, \quad \Delta_2=0, \quad \Delta_3=0$$

最优控制器为

$$u_1=-0.99, \quad u_2=0, \quad u_3=0, \quad v_1=0.44, \quad v_2=0, \quad v_3=0$$

经过计算，式（4-3）的值为 $J_\infty^*=-0.93$，式（4-4）的值为 $J_2^*=1.1714$。为了获得更直观的结果，我们考虑一个具有 50 维变量的动态系统方程（4-2）～方程（4-4），其中初始状态 x_0 独立于正态分布 $N(0,0.3)$。当 $N=15$ 时，状态轨迹如图 4-1 所示。结果表明，本章所得到的策略是有效的。

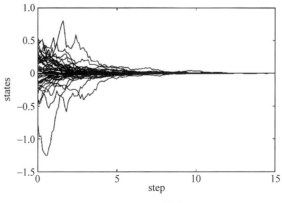

图 4-1 状态轨迹

4.4 本章小结

在本章中,我们研究了离散时间系统随机 H_2/H_∞ 控制问题。基于领导者－跟随者随机差分博弈方法,状态方程中的扰动输入被视为跟随者,控制输入被视为领导者。基于极大值原理,引入一个新的伴随状态变量来获取控制输入的信息,与此同时构成新的 FBSDEs。为了处理 FBSDEs 和最优控制的关系,在前向变量和后向变量之间建立一个齐次的关系,这是获取控制器显式解的重要准备工作。通过求解三个解耦的 Riccati 方程,得到 Stackelberg 策略存在的充分必要条件的同时获得关于该随机差分博弈问题的一个开环解。以该问题为依托,我们将讨论更多具有挑战性的工作。例如,随机系统中存在输入时滞的情形等。

第 5 章

混合 H_2/H_∞ 半定控制的闭环解研究

　　前几章我们研究了混合 H_2/H_∞ 控制的开环解,但是该问题的闭环解非常复杂,事实上 Halder 等[102]在前期的研究中曾指出,在一般情况下,混合 H_2/H_∞ 控制的闭环解具有非线性的特性,不存在显式解。在本章中我们将在一定条件下,利用半正定 LQ 的正则性给出混合 H_2/H_∞ 控制的一种闭环解。考虑性能指标中具有半正定控制加权矩阵的混合 H_2/H_∞ 控制问题,在该问题中,控制器(u,w)保证 H_∞ 约束成立,(u,w)中存在任意项,这些任意项将在下一步优化 H_2 范数时得到解决。具有半正定加权矩阵的优化问题在 LQR 中被广泛关注[103-110]。例如,文献[104]表明,具有不确定控制加权矩阵的随机 LQR 问题可以得到适当的解。在文献[105]中,研究了具有半正定控制加权矩阵的线性连续平均场系统的镇定与控制问题。最近,文献[110]研究了带正半定控制权矩阵的最优线性二次控制,在考虑正则情况下,引入了基于线性二次控制理论的标准正则 Riccati 方程来推导问题的解。

　　基于文献[110],本章提出了一个具有正则 Riccati 方程的混合 H_2/H_∞ 控制问题。主要贡献是基于正则 Riccati 方程给出了混合 H_2/H_∞ 控制问题的一类闭环解。首先,在 H_∞ 的优化中,得到最优控制器(u,w),其中,H_∞ 范数在被控制器 w 最大化的同时被控制器 u 最小化。需要注意的是,由于控制加权矩阵是半正定的,在控制器中 u 存在任意项。其次,在 H_2 的优化过程中继续使用 u 中的任意项优化 H_2 范数。最后,根据正则 Riccati 方程,并结合 H_∞ 优化过程以及 H_2 优化过程,最终得到混合 H_2/H_∞ 控制问题的闭环解。

5.1　问题描述

　　考虑如下的线性离散时间系统

$$x(k+1)=Ax(k)+B_1u(k)+B_2w(k) \tag{5-1}$$

$$z(k) = \begin{bmatrix} Cx(k) \\ Du(k) \end{bmatrix} \tag{5-2}$$

式中,$x(k) \in \mathbb{R}^n$ 是初始状态为 $x(0)$ 的系统状态变量,$z(k) \in \mathbb{R}^p$ 是输出,$u(k) \in \mathbb{R}^r$ 是控制输入,$w(k) \in \mathbb{R}^m$ 是确定性的扰动。

针对一个给定的扰动衰减因子 $\gamma > 0$,定义以下的性能指标函数

$$J_\infty = x'(N+1)P(N+1)x(N+1) - x'(0)\prod\nolimits_0^{-1} x(0) +$$

$$\sum_{k=0}^N \left[\| z(k) \|^2 - \gamma^2 \| \omega(k) \|^2 \right] \tag{5-3}$$

$$J_2 = x'(N+1)\widetilde{P}(N+1)x(N+1) + \sum_{k=0}^N \| z(k) \|^2 \tag{5-4}$$

式中,$\prod\nolimits_0^{-1} = \gamma^2 \pi_0^{-1}[111]$,$\gamma$ 是预先设定的扰动衰减因子且 $\gamma > 0$,π_0 是在初始状态 $x(0)$ 时的方差矩阵。

问题 5.1:寻找次优控制器 (u^*, w^*),使得 $\max\limits_{w} \min\limits_{u} J_\infty < 0$ 满足,与此同时寻找最优控制器 u^* 使得性能指标 J_2 最小,即 $\min\limits_{u} J_2$。

注 5.1:本章中,H_∞ 优化和 H_2 优化同时被考虑。在 H_∞ 优化问题中寻求控制器 (w^*, u^*) 使得在任意初始条件 $(k_0, x(k_0))$ 下满足

$$J_\infty^*(k_0, x(k_0); w^*, u^*) = \max\limits_{w} \min\limits_{u} J_\infty(k_0, x(k_0); w, u) < 0$$

在 H_2 优化问题中,对于任意初始值 $(k_0, x(k_0))$,寻求最优控制器 u^* 使得性能指标最小,即

$$J_2^*(k_0, x(k_0); u^*) = \min\limits_{u} J_2(k_0, x(k_0); u)$$

5.2   优化方法

在本节中,我们将给出性能指标中具有半正定控制加权矩阵的混合 H_2/H_∞ 控制问题的主要结果。该问题的优化过程主要分两部分。第一部分是 H_∞ 优化。在这一部分中,控制器 u 最小化性能指标函数 J_∞ 的同时,控制器 w 最大化性能指标 J_∞。但是,由于控制加权矩阵的正定性,在这一过程中得到的控制器 u 包含任意项。为了得到唯一的控制器,任意项应该转换为新的待求的控制器,待求的控制器将在 H_2 优化中得出。

5.2.1 H_∞优化

根据混合 H_2/H_∞ 控制问题的性质,首先优化 H_∞ 控制,即

$$\max\limits_{w} \min\limits_{u} J_\infty < 0 \text{ s.t. } 式(5\text{-}1)$$

其中

$$J_\infty = x'(N+1)P(N+1)x(N+1) - x'(0)\prod_0^{-1}x(0) +$$

$$\sum_{k=0}^N [u'(k)Ru(k) + x'(k)Qx(k) - \gamma^2 w'(k)w(k)] \tag{5-5}$$

其中,$D'D = R \geqslant 0, C'C = Q \geqslant 0$。

以下引理给出 H_∞ 优化控制的解存在的必要条件。

引理 5.1：如果下列正倒向差分方程是可解的,

$$x(k+1) = Ax(k) + B_1 u(k) + B_2 w(k)$$

$$p(k-1) = A'p(k) + Qx(k) \tag{5-6}$$

$$0 = -\gamma^2 w(k) + B_2'p(k) \tag{5-7}$$

$$0 = Ru(k) + B_1'p(k) \tag{5-8}$$

那么,最优控制问题 $\max\limits_{w}\min\limits_{u} J_\infty$ 也是可解的,并且最优解满足式(5-7)和式(5-8)。

证明：证明过程与文献[73]类似,这里我们省略。

在引理 5.1 中,关键是寻求 FBDEs 的解。不失一般性,在变量 $x(k)$ 和 $p(k-1)$ 之间存在一个非齐次关系,定义如下关系式

$$\eta(k-1) = p(k-1) - P(k)x(k) \tag{5-9}$$

其中,$\eta(k-1)$ 和 $P(k)$ 在下面的引理中给出定义。

将式(5-9)代入式(5-8),平衡方程式(5-8)可以写为

$$0 = B_1'[\eta(k) + P(k+1)x(k+1)] + Ru(k)$$

$$= [R + B_1'P(k+1)B_1]u(k) + B_1'P(k+1)Ax(k) +$$

$$B_1'P(k+1)B_2 w(k) + B_1'\eta(k) \tag{5-10}$$

将式(5-9)代入式(5-7),平衡方程式(5-7)可以写为

$$0 = B_2'[\eta(k) + P(k+1)x(k+1)] - \gamma^2 w(k)$$

$$= G(k+1)w(k) + B_2'P(k+1)Ax(k) +$$

$$B_2'P(k+1)B_1 u(k) + B_2'\eta(k) \tag{5-11}$$

式中,$G(k+1) = -\gamma^2 I + B_2'P(k+1)B_2$。

H_∞ 控制的解的存在性意味着平衡方程式(5-11)中的加权矩阵 $G(k+1)$ 是负定的。即 $G(k+1) < 0$。因此,可将式(5-11)重新写为

$$w(k) = -G^{-1}(k+1)[B_2'P(k+1)Ax(k) + B_2'P(k+1)B_1 u(k) + B_2'\eta(k)] \tag{5-12}$$

将式(5-12)代入式(5-10),得到

$$0 = B_1'[\eta(k) + P(k+1)x(k+1)] + Ru(k)$$

$$= [B_1'P(k+1)B_1 + R]u(k) + B_1'P(k+1)Ax(k) + B_1'\eta(k) - B_1'P(k+1) \times$$

$$B_2 G^{-1}(k+1)[B_2'P(k+1)Ax(k) + B_2'P(k+1)B_1 u(k) + B_2'\eta(k)]$$

$$
\begin{aligned}
&= [R + B_1'P(k+1)B_1 - B_1'P(k+1)B_2G^{-1}(k+1)B_2'P(k+1)B_1]u(k) + \\
&\quad [B_1'P(k+1)A - B_1'P(k+1)B_2G^{-1}(k+1)B_2'P(k+1)A]x(k) + \\
&\quad [B_1' - B_1'P(k+1)B_2G^{-1}(k+1)B']\eta(k) \\
&= \Xi(k+1)u(k) + \tau(k+1)x(k) + [B_1' - B_1'P(k+1)B_2G^{-1}(k+1)B_2']\eta(k)
\end{aligned}
$$

$$(5\text{-}13)$$

式中，$\Xi(k+1) = R + B_1'\overline{P}(k+1)B_1$，$\tau(k+1) = B_1'\overline{P}(k+1)A$，$\overline{P}(k+1) = P(k+1) - P(k+1)B_2G^{-1}(k+1)B_2'P(k+1)$。

为了进一步求得最优控制器 $u(k)$，考虑正则的情形，即

假设 5.1：

$$\text{Range}[\tau(k+1)] \subseteq \text{Range}[\Xi(k+1)] \tag{5-14}$$

式中，$\text{Range}[\tau(k+1)]$ 表示矩阵 $\tau(k+1)$ 的值域，$\text{Range}[\Xi(k+1)]$ 表示矩阵 $\Xi(k+1)$ 的值域。

注 5.2：在我们以前的工作中[112, 113]，性能指标中的控制项加权矩阵为正定的，因此得到 $\max\limits_{w} \min\limits_{u} J_\infty$ 问题的唯一解。当该加权矩阵为半正定时，问题 $\max\limits_{w} \min\limits_{u} J_\infty$ 的解不是唯一的，此时为了求解该问题需要引入文献[110]中的正则 Riccati 方程。

基于上述正则假设，我们寻求正则 Riccati 方程的解，并且验证状态变量 $x(k)$ 和伴随状态变量 $p(k-1)$ 之间的齐次关系。

引理 5.2：在假设 5.1 的条件下 $p(k-1) = P(k)x(k)$ 成立，并且 $P(k)$ 满足如下的 Riccati 方程

$$
\begin{aligned}
P(k) = {}& Q + A'P(k+1)A - A'P(k+1)B_1\Xi^+(k+1)B_1'\overline{P}(k+1)A - \\
& A'P(k+1)B_2G^{-1}(k+1)B_2'P(k+1)A + A'P(k+1)B_2 \times \\
& G^{-1}(k+1)B_2'P(k+1)\Xi^+(k+1)B_1'\overline{P}(k+1)A
\end{aligned}
$$

$$(5\text{-}15)$$

并且，$\eta(k) = 0$，具有终端值 $p(N) = P(N+1)x(N+1)$，以及 $P(N+1) = H$。此外，矩阵 $\Xi^+(k+1)$ 是 $\Xi(k+1)$ 的伪逆矩阵。

证明：根据终端条件，由 $p(N) = P(N+1)x(N+1)$ 得到 $\eta(N) = 0$。所以式(5-9)在时刻 N 成立。假设式(5-9)在时刻 k 成立，即 $\eta(k) = p(k) - P(k+1)x(k+1)$。当式(5-14)成立时，控制器 $u(k)$ 可以由式(5-13)获得

$$
\begin{aligned}
u(k) = {}& -\Xi^+(k+1)\tau(k+1)x(k) - \Xi^+(k+1)[B_1' - B_1'P(k+1)B_2G^{-1}(k+1) \times \\
& B_2']\eta(k) + [I - \Xi^+(k+1)\Xi(k+1)]\psi(k)
\end{aligned}
$$

$$(5\text{-}16)$$

式中，$\psi(k)$ 是具有适当维数的任意项。

将式(5-16)代入式(5-12)，得到

$$
\begin{aligned}
w(k) = {}& -G^{-1}(k+1)B_2'P(k+1)[A - B_1\Xi^+(k+1)\tau(k+1)]x(k) + \\
& G^{-1}(k+1)B_2'[P(k+1)B_1\Xi^+(k+1)[B_1' - B_1'P(k+1)B_2 \times
\end{aligned}
$$

$$G^{-1}(k+1)B_2'] - I]\eta(k) - G^{-1}(k+1)B_2'P(k+1)B_1 \times$$

$$[I - \Xi^+(k+1)\Xi(k+1)]\psi(k) \tag{5-17}$$

将式(5-16),式(5-17)以及$\eta(k) = p(k) - P(k+1)x(k+1)$代入式(5-6),得到

$$
\begin{aligned}
p(k+1) &= A'p(k) + Qx(k) \\
&= A'[\eta(k) + P(k+1)x(k+1)] + Qx(k) \\
&= A'[\eta(k) + P(k+1)[Ax(k) + B_1u(k) + B_2w(k)]] + Qx(k) \\
&= [Q + A'P(k+1)A - A'P(k+1)B_1\Xi^+(k+1)B_1'\overline{P}(k+1)A - \\
&\quad A'P(k+1)B_2G^{-1}(k+1)B_2'P(k+1)A + A'P(k+1)B_2 \times \\
&\quad G^{-1}(k+1)B_2'P(k+1)B_1\Xi^+(k+1)B_1'\overline{P}(k+1)A]x(k) + \\
&\quad [A' - A'P(k+1)B_1\Xi^+(k+1)[B_1' - B_1'P(k+1)B_2 \times \\
&\quad G^{-1}(k+1)B_2'] + A'P(k+1)B_2G^{-1}(k+1)B_2'P(k+1)B_1 \times \\
&\quad \Xi^+(k+1)[B_1' - B_1'P(k+1)B_2G^{-1}(k+1)B_2'] - A'P(k+1)B_2 \times \\
&\quad G^{-1}(k+1)B_2']\eta(k) + A'P(k+1)[B_1[I - \Xi^+(k+1)\Xi(k+1)] - \\
&\quad B_2G^{-1}(k+1)B_2'P(k+1)B_1[I - \Xi^+(k+1)\Xi(k+1)]]\psi(k) \\
&= [Q + A'P(k+1)A - A'P(k+1)B_1\Xi^+(k+1)B_1'\overline{P}(k+1)A - \\
&\quad A'P(k+1)B_2G^{-1}(k+1)B_2'P(k+1)A + A'P(k+1)B_2 \times \\
&\quad G^{-1}(k+1)B_2'P(k+1)B_1\Xi^+(k+1)B_1'\overline{P}(k+1)A]x(k) + \\
&\quad [A' - A'P(k+1)B_1\Xi^+(k+1)[B_1' - B_1'P(k+1)B_2 \times \\
&\quad G^{-1}(k+1)B_2'] + A'P(k+1)B_2G^{-1}(k+1)B_2'P(k+1)B_1 \times \\
&\quad \Xi^+(k+1)[B_1' - B_1'P(k+1)B_2G^{-1}(k+1)B_2'] - \\
&\quad A'P(k+1)B_2G^{-1}(k+1)B_2']\eta(k) \\
&= P(k)x(k) + \eta(k-1)
\end{aligned}
$$

其中$P(k)$满足式(5-15),并且$\tau'(k+1)[I - \Xi^+(k+1)\Xi(k+1)] = 0$被用到上式求解中。

$$
\begin{aligned}
\eta(k-1) &= [A' - A'P(k+1)B_1\Xi^+(k+1)[B_1' - B_1'P(k+1)B_2G^{-1}(k+1)B'] + \\
&\quad A'P(k+1)B_2G^{-1}(k+1)B_2'P(k+1)B_1\Xi^+(k+1)[B_1' - B_1' \times \\
&\quad P(k+1)B_2G^{-1}(k+1)B_2'] - A'P(k+1)B_2G^{-1}(k+1)B_2']\eta(k)
\end{aligned}
$$

根据终端值$\eta(N) = 0$,可以得到$\eta(k) = 0, k = 0, 1, \cdots, N$。

定理 5.1:考虑状态空间模型式(5-1)~式(5-2)和指标函数式(5-3)。当关系式(5-14)成立时,对于任意给定的$\gamma > 0$,存在一个最优控制器使得$H_\infty < 0$。

(1) $P(0) - \Pi_0^{-1} < 0$;

(2) $G(k+1)<0$；

(3) $\Xi(k+1)\geqslant 0$。

当以上条件成立时,存在如下控制器

$$u^*(k)=-\Xi^+(k+1)\tau(k+1)x(k)+[I-\Xi^+(k+1)\Xi(k+1)]\psi(k)\quad(5\text{-}18)$$

$$w^*(k)=-G^{-1}(k+1)M(k+1)x(k)-G^{-1}(k+1)B_2'P(k+1)B_1[I-$$
$$\Xi^+(k+1)\Xi(k+1)]\psi(k)\quad(5\text{-}19)$$

式中,$\psi(k)$ 是具有适当维数的任意向量。

$$M(k+1)=B_2'P(k+1)A-B_2'P(k+1)B_1\Xi^+(k+1)B_1'\overline{P}(k+1)A$$

最优性能指标为

$$J_\infty^*=x'(0)[P(0)-\pi_0^{-1}]x(0)\quad(5\text{-}20)$$

证明: 由式(5-6)和式(5-1),得到

$$x'(k)p(k-1)-x'(k+1)p(k)$$
$$=[Ax(k)+B_1u(k)+B_2w(k)]'P(k+1)[Ax(k)+B_1u(k)+B_2w(k)]-$$
$$x'(k)P(k)x(k)$$
$$=[x'(k)u'(k)w'(k)]\times$$

$$\begin{bmatrix} -P(k)+A'P(k+1)A & A'P(k+1)B_1 & A'P(k+1)B_2 \\ B_1'P(k+1)A & B_1'P(k+1)B_1 & B_1'P(k+1)B_2 \\ B_2'P(k+1)A & B_2'P(k+1)B_1 & B_2'P(k+1)B_2 \end{bmatrix} \begin{bmatrix} x(k) \\ u(k) \\ w(k) \end{bmatrix}$$

对上式从 $0\sim N$ 求和,得到

$$x'(N+1)P(N+1)x(N+1)-x'(0)p(-1)$$
$$=\sum_{k=0}^{N}[x'(k)u'(k)w'(k)]\times$$

$$\begin{bmatrix} -P(k)+A'P(k+1)A & A'P(k+1)B_1 & A'P(k+1)B_2 \\ B_1'P(k+1)A & B_1'P(k+1)B_1 & B_1'P(k+1)B_2 \\ B_2'P(k+1)A & B_2'P(k+1)B_1 & B_2'P(k+1)B_2 \end{bmatrix} \begin{bmatrix} x(k) \\ u(k) \\ w(k) \end{bmatrix}$$

H_∞ 控制的性能指标式(5-5)可以重新写为

$$J_\infty=x'(0)p(-1)-x'(0)\pi_0^{-1}x(0)+\sum_{k=0}^{N}[x'(k)u'(k)w'(k)]\times$$

$$\begin{bmatrix} -P(k)+Q+A'P(k+1)A & A'P(k+1)B_1 & A'P(k+1)B_2 \\ B_1'P(k+1)A & R+B_1'P(k+1)B_1 & B_1'P(k+1)B_2 \\ B_2'P(k+1)A & B_2'P(k+1)B_1 & -\gamma^2 I+B_2'P(k+1)B_2 \end{bmatrix} \times$$

$$\begin{bmatrix} x(k) \\ u(k) \\ w(k) \end{bmatrix}$$

$$= x'(0)p(-1) - x'(0)\pi_0^{-1}x(0) + \sum_{k=0}^{N} x'(k)[-P(k) + Q +$$

$$A'P(k+1)A - A'P(k+1)B_1 \varXi^+(k+1)B_1'\overline{P}(k+1)A -$$

$$A'P(k+1)B_2 G^{-1}(k+1)B_2'P(k+1)A +$$

$$A'P(k+1)B_2 G^{-1}(k+1)B_2'P(k+1)B_1 \varXi^+(k+1)B_1'\overline{P}(k+1)A]x(k) +$$

$$\sum_{k=0}^{N} \left(\begin{bmatrix} u(k) - \hat{u}(k) \\ w(k) - \hat{w}(k) \end{bmatrix}' \begin{bmatrix} R + B_1'P(k+1)B_1 & B_1'P(k+1)B_2 \\ B_2'P(k+1)B_1 & -\gamma^2 I + B_2'P(k+1)B_2 \end{bmatrix} \times$$

$$\begin{bmatrix} u(k) - \hat{u}(k) \\ w(k) - \hat{w}(k) \end{bmatrix} \right)$$

结合引理 5.2,上式可以进一步写为

$$J_\infty = x'(0)p(-1) - x'(0)\pi_0^{-1}x(0) + \sum_{k=0}^{N} [u(k) - u^*(k)]' \varXi(k+1)[u(k) -$$

$$u^*(k)] + \sum_{k=0}^{N} [w(k) - w^*(k)]' G(k+1)[w(k) - w^*(k)] \tag{5-21}$$

注意到 $P(0) - \pi_0^{-1} < 0, \varXi(k+1) \geqslant 0, G(k+1) < 0$,那么,最优控制器$(u, w)$可以通过式(5-18)和式(5-19)得到。最优性能指标如式(5-20)所示。

5.2.2 H_2优化

5.2.1 节中获得的控制器中存在任意项。为了解决这个问题,首先进行矩阵变换,将任意项转换为等待解决的控制器。引入一个初等行变换矩阵 $T_0(k)$使得

$$T_0(k)[I - \varXi^+(k+1)\varXi(k+1)] = \begin{bmatrix} 0 \\ \varXi_{T_0(k)} \end{bmatrix}$$

定义

$$T_0(k)[I - \varXi^+(k+1)\varXi(k+1)]\psi(k) = \begin{bmatrix} 0 \\ u_1(k) \end{bmatrix} \tag{5-22}$$

式中,$u_1(k) = \varXi_{T_0}(k)\psi(k)$。

根据式(5-22),得到如下等式

$$[I - \varXi^+(k+1)\varXi(k+1)]\psi(k) = T_0^{-1}(k) \begin{bmatrix} 0 \\ u_1(k) \end{bmatrix} = G_0(k+1)u_1(k) \tag{5-23}$$

基于以上分析,重新将 $u(k)$和$w(k)$写为

$$u(k) = -\varXi^+(k+1)\tau(k+1)x(k) + G_0(k+1)u_1(k) \tag{5-24}$$

$$w(k) = -G^{-1}(k+1)M(k+1)x(k) - G^{-1}(k+1)B_2'P(k+1)B_1 G_0(k+1)u_1(k)$$

$$\tag{5-25}$$

将式(5-24)和式(5-25)代入式(5-1),得到

$$x(k+1)=\bar{A}(k+1)x(k)+\bar{B}(k+1)u_1(k) \tag{5-26}$$

式中,$\bar{A}(k+1)=A-B_1\Xi^+(k+1)\tau(k+1)-B_2G^{-1}(k+1)M(k+1)$,$\bar{B}(k+1)=B_1G_0(k+1)-B_2G^{-1}(k+1)B_2'P(k+1)B_1G_0(k+1)$。

将式(5-24)代入式(5-4),得到

$$\begin{aligned} J_2 &= x'(N+1)\widetilde{P}(N+1)x(N+1)+\sum_{k=0}^{N}[u'(k)Ru(k)+x'(k)Qx(k)] \\ &= x'(N+1)\widetilde{P}(N+1)x(N+1)+\sum_{k=0}^{N}[x'(k)K_1'(k+1)RK_1(k+1)x(k)- \\ &\quad 2x'(k)K_1'(k+1)RG_0(k+1)u_1(k)+u_1'(k)G_0'(k+1)RG_0(k+1)u_1(k)+ \\ &\quad x'(k)Qx(k)] \end{aligned} \tag{5-27}$$

式中,$K_1(k+1)=\Xi^+(k+1)\tau(k+1)$。

现在,我们来阐述 H_2 优化控制问题,即

$$\min_{u_1} J_2 \text{ s. t. 式(5-26)}$$

这是一个标准的线性二次型优化问题。下面的引理给出 H_2 优化控制问题有解的必要条件。

引理 5.3:如果下列 FBDEs 是可解的,

$$\begin{aligned} \theta(k-1)&=\bar{A}'(k+1)\theta(k)+[Q+K_1'(k+1)RK_1(k+1)]x(k)- \\ &\quad K_1'(k+1)RG_0(k+1)u_1(k) \end{aligned} \tag{5-28}$$

$$0=-G_0'(k+1)RK_1(k+1)x(k)+G_0'(k+1)RG_0(k+1)u_1(k)+\bar{B}'(k+1)\theta(k) \tag{5-29}$$

那么,最优控制问题 $\min\limits_{u_1} J_2$ 也是可解的,并且最优解满足式(5-29)。

证明:在文献[73]中得到了上述优化问题的极大值原理。在这里我们省略。

在引理 5.3 中,关键是寻求 FBDEs 的解。不失一般性,定义 $x(k)$ 和 $\theta(k-1)$ 之间的非齐次关系为

$$\zeta(k)=\theta(k)-\widetilde{P}(k+1)x(k+1) \tag{5-30}$$

其中,$\zeta(k-1)$ 和 $\widetilde{P}(k)$ 在以下引理中给出定义。

结合式(5-29)和式(5-30),得到如下平衡方程

$$\begin{aligned} 0&=-G_0'(k+1)RK_1(k+1)x(k)+G_0'(k+1)RG_0(k+1)u_1(k)+ \\ &\quad \bar{B}'(k+1)[\zeta(k)+\widetilde{P}(k+1)x(k+1)] \\ &=-G_0'(k+1)RK_1(k+1)x(k)+G_0'(k+1)RG_0(k+1)u_1(k)+ \\ &\quad \bar{B}'(k+1)[\zeta(k)+\widetilde{P}(k+1)[\bar{A}(k+1)x(k+1)+\bar{B}(k+1)u_1(k)] \end{aligned}$$

$$= [-G_0'(k+1)RK_1(k+1)+\bar{B}'(k+1)\widetilde{P}(k+1)\bar{A}(k+1)]x(k)+$$

$$[G_0'(k+1)RG_0(k+1)+\bar{B}'(k+1)\widetilde{P}(k+1)\bar{B}(k+1)]u_1(k)+$$

$$\bar{B}'(k+1)\zeta(k)$$

$$= \Xi_0(k+1)u_1(k)+\widetilde{F}(k+1)x(k)+\bar{B}'(k+1)\zeta(k) \tag{5-31}$$

其中

$$\Xi_0(k+1)=G_0'(k+1)RG_0(k+1)+\bar{B}'(k+1)\widetilde{P}(k+1)\bar{B}(k+1)$$

$$\widetilde{F}(k+1)=-G_0'(k+1)RK_1(k+1)+\bar{B}'(k+1)\widetilde{P}(k+1)\bar{A}(k+1)$$

为了求得最优控制器 $u_1(k)$ 的显式解,我们考虑以下情形,即

假设 5.2:

$$\mathrm{Range}[\widetilde{F}(k+1)] \subseteq \mathrm{Range}[\Xi_0(k+1)] \tag{5-32}$$

注 5.3:当性能指标中控制加权矩阵为半正定时,问题 $\min\limits_{u_1} J_2$ 的解不是唯一的,此时为了求解该问题需要引入文献[110]中的正则 Riccati 方程。

基于上述正则假设,我们寻求正则 Riccati 方程的解,并且验证状态变量 $x(k)$ 和伴随状态变量 $\theta(k-1)$ 之间的齐次关系。

引理 5.4:在假设 5.2 的条件下,$\theta(k-1)=\widetilde{P}(k)x(k)$ 成立,其中

$$\widetilde{P}(k)=Q+K_1'(k+1)RK_1(k+1)+\bar{A}'(k+1)\widetilde{P}(k+1)\bar{A}(k+1)-$$

$$\widetilde{F}'(k+1)\Xi_0^+(k+1)\widetilde{F}(k+1) \tag{5-33}$$

变量 $\zeta(k)=0$ 并且具有终端值 $\theta(N)=\widetilde{P}(N+1)x(N+1)$ 以及 $\widetilde{P}(N+1)=\widetilde{H}$。

证明:根据终端条件可以看到式(5-30)在时刻 N 成立,即,$\theta(N)=\widetilde{P}(N+1)x(N+1)$。假设式(5-30)在时刻 k 成立,$\zeta(k)=\theta(k)-\widetilde{P}(k+1)x(k+1)$。

当式(5-32)满足时,控制器 $u_1(k)$ 可以由式(5-31)获得

$$u_1(k)=-\Xi_0^+(k+1)\widetilde{F}(k+1)x(k)-\Xi_0^+(k+1)\bar{B}'(k+1)\zeta(k)+$$

$$[I-\Xi_0^+(k+1)\Xi_0(k+1)]\varphi(k) \tag{5-34}$$

式中,$\varphi(k)$ 是具有适当维数的任意项。

将式(5-34)和 $\zeta(k)=\theta(k)-\widetilde{P}(k+1)x(k+1)$ 代入式(5-28),得到

$$\theta(k-1)=\bar{A}'(k+1)\theta(k)+[Q+K_1'(k+1)RK_1(k+1)]x(k)-$$

$$K_1'(k+1)RG_0(k+1)u_1(k)$$

$$=\bar{A}'(k+1)[\zeta(k)+\widetilde{P}(k+1)[\bar{A}(k+1)x(k)+\bar{B}(k+1)]-$$

$$\Xi_0^+(k+1)\widetilde{F}(k+1)x(k)-\Xi_0^+(k+1)\bar{B}'(k+1)\zeta(k)+[I-$$

$$\Xi_0^+(k+1)\Xi_0(k+1)]\varphi(k)]]]+[Q+K_1'(k+1)RK_1(k+1)]\times$$

$$x(k) - K_1'(k+1)RG_0(k+1)[-\Xi_0^+(k+1)\widetilde{F}(k+1)x(k) -$$

$$\Xi_0^+(k+1)\overline{B}'(k+1)\zeta(k) + [I - \Xi_0^+(k+1)\Xi_0(k+1)]\varphi(k)]$$

$$= [Q + K_1'(k+1)RK_1(k+1) + \overline{A}'(k+1)\widetilde{P}(k+1)\overline{A}(k+1) -$$

$$\overline{A}'(k+1)\widetilde{P}(k+1)\overline{B}(k+1)\Xi_0^*(k+1)\widetilde{F}(k+1) + K_1'(k+1)R \times$$

$$G_0(k+1)\Xi_0^+(k+1)\widetilde{F}(k+1)]x(k) + [\overline{A}'(k+1) - \overline{A}'(k+1) \times$$

$$\widetilde{P}(k+1)\overline{B}(k+1)\Xi_0^*(k+1)\overline{B}'(k+1) + K_1'(k+1)RG_0(k+1) \times$$

$$\Xi_0^+(k+1)\overline{B}(k+1)]\zeta(k) + [\overline{A}'(k+1)\widetilde{P}(k+1)\overline{B}(k+1)[I -$$

$$\Xi_0^*(k+1)\Xi_0(k+1)] - K_1'(k+1)RG_0(k+1)[I -$$

$$\Xi_0^+(k+1)\Xi_0(k+1)]]\varphi(k)$$

$$= [Q + K_1'(k+1)RK_1(k+1) + \overline{A}'(k+1)\widetilde{P}(k+1)\overline{A}(k+1) -$$

$$\overline{A}'(k+1)\widetilde{P}(k+1)\overline{B}(k+1)\Xi_0^+(k+1)\widetilde{F}(k+1) + K_1'(k+1) \times$$

$$RG_0(k+1)\Xi_0^*(k+1)\widetilde{F}(k+1)]x(k) + [\overline{A}'(k+1) - \overline{A}'(k+1) \times$$

$$\widetilde{P}(k+1)\overline{B}(k+1)\Xi_0^+(k+1)\overline{B}'(k+1) + K_1'(k+1)R \times$$

$$G_0(k+1)\Xi_0^+(k+1)\overline{B}(k+1)]\zeta(k)$$

$$= \widetilde{P}(k)x(k) + \zeta(k-1)$$

式中,$\widetilde{P}(k)$满足式(5-33)并且 $\widetilde{F}'(k+1)[I - \Xi_0^+(k+1)\Xi_0(k+1)] = 0$ 被应用到上式推导中;另外

$$\zeta(k-1) = [\overline{A}'(k+1) - \overline{A}'(k+1)\widetilde{P}(k+1)\overline{B}(k+1)\Xi_0^+(k+1)\overline{B}'(k+1) +$$

$$K_1'(k+1)RG_0(k+1)\Xi_0^+(k+1)\overline{B}(k+1)]\zeta(k)$$

由于终端值 $\zeta(N) = 0$,所以得到 $\zeta(k) = 0, k = 0, 1, \cdots, N$。

定理 5.2:考虑状态空间模型式(5-26)和指标函数式(5-27)。当式(5-31)中存在关系式(5-32)时,优化问题 H_2 存在最优解 $u_1(k)$,当且仅当下列条件

(1) $\widetilde{P}(0) \geqslant 0$;

(2) $\Xi_0(k) \geqslant 0$;

满足时,该问题是可解的,且其最优解是

$$u_1^*(k) = -\Xi_0^+(k+1)\widetilde{F}(k+1)x(k) + [I - \Xi_0^+(k+1)\Xi_0(k+1)]\varphi(k) \quad (5-35)$$

式中,$\varphi(k)$是具有适当维数的任意向量。

相应的最优性能指标为

$$J_2^* = x'(0)\widetilde{P}(0)x(0) \quad (5-36)$$

证明：必要性：假设问题 $\min\limits_{u_1} J_2$ s. t. 式(5-26)有解。通过归纳法来验证 $\varXi_0(k+1)\geqslant 0$ 并且获得最优控制器。式(5-27)可以被写为

$$J_2 = x'(N+1)\widetilde{P}(N+1)x(N+1) + \sum_{k=0}^{N}[x'(k)u_1'(k)] \times$$

$$\begin{bmatrix} Q+K_1'(k+1)RK_1(k+1) & -K_1'(k+1)RG_0(k+1) \\ -K_1'(k+1)RG_0(k+1) & G_0'(k+1)RG_0(k+1) \end{bmatrix}\begin{bmatrix} x(k) \\ u_1(k) \end{bmatrix}$$

当 $k=N$ 时，结合式(5-26)，J_2 可以被写为 $x(N)$ 和 $u_1(N)$ 的二次型表达式。

$$J_2 = [x'(N)u_1'(N)]\varPhi(N+1)\begin{bmatrix} x(N) \\ u_1(N) \end{bmatrix}$$

其中

$$\varPhi(N+1) = \begin{bmatrix} \varTheta(N+1) & \widetilde{F}(N+1) \\ \widetilde{F}(N+1) & \varXi_0(N+1) \end{bmatrix}$$

$$\varTheta(N+1) = Q+K_1'(N+1)RK_1(N+1) + \overline{A}'(N+1)\widetilde{P}(N+1)\overline{A}(N+1)$$

最优控制器 $u_1(N)$ 存在暗示着和 $u_1(N)$ 相关的二次项对于任意非零的 $u_1(N)$ 是半正定的。令 $x(N)=0$，得到

$$J_2 = u_1'(N)\varXi_0(N+1)u_1(N)$$

即，得到 $\varXi_0(N+1)\geqslant 0$。结合式(5-26)，式(5-29)和 $\theta(N)=\widetilde{P}(N+1)x(N+1)$，可知

$$0 = -G_0'(N+1)RK_1(N+1)x(N) + G_0'(N+1)RG_0(N+1)u_1(N) +$$

$$\overline{B}'(N+1)\widetilde{P}(N+1)[\overline{A}(N+1)x(N) + \overline{B}(N+1)u_1(N)]$$

因此，最优控制器可以写为

$$u_1(N) = -\varXi_0^+(N+1)\widetilde{F}(N+1)x(N) + [I - \varXi_0^+(N+1)\varXi_0(N+1)]\varphi(N)$$

$$(5\text{-}37)$$

再通过式(5-26)，式(5-28)以及式(5-37)，可以获得如下关系式

$$\theta(N+1) = \overline{A}'(N+1)\widetilde{P}(N+1)[\overline{A}(N+1)x(N) + \overline{B}(N+1)u_1(N)] + [Q +$$

$$K_1'(N+1)RK_1(N+1)]x(N) - K_1'(N+1)RG_0(N+1)u_1(N)$$

$$= [\overline{A}'(N+1)\widetilde{P}(N+1)\overline{A}(N+1) + Q + K_1'(N+1)RK_1(N+1)] \times$$

$$x(N) + [\overline{A}'(N+1)\widetilde{P}(N+1)\overline{B}(N+1) -$$

$$K_1'(N+1)RG_0(N+1)]u_1(N)$$

$$= [\overline{A}'(N+1)\widetilde{P}(N+1)\overline{A}(N+1) + Q + K_1'(N+1)RK_1(N+1) -$$

$$\widetilde{F}'(N+1)\varXi_0^+(N+1)\widetilde{F}(N+1)]x(N) +$$

$$\widetilde{F}'(N+1)[I-\Xi_0^+(N+1)\Xi_0(N+1)]\varphi(N)$$

至此,我们验证了在 $k=N$ 时刻的 $\widetilde{P}(N)$。运用归纳法,我们选取 $0 \leqslant k \leqslant N$ 中的任意 k,并且假定 $\Xi(k) \geqslant 0$ 以及最优控制器 $u_1(k)$ 在 $k>1$ 时都如式(5-35)所示。当 $k=0$ 时,这个条件依然成立。令 $u(k)$ 对于所有的 $k \geqslant 1$ 都是最优的。首先,我们来验证 $\Xi(0)$ 是半正定的。借鉴上述分析,选取 $x(0)=0$ 来验证 $J_2(0)$ 中关于 $u(0)$ 的二次型表达式。结合式(5-26)、式(5-28)和式(5-29),当 $k \geqslant 1$ 时,我们获得如下的关系式

$$x'(k)\theta(k-1)-x'(k+1)\theta(k)$$
$$=x'(k)[Q+K_1'(k+1)RK_1(k+1)]x(k)-2x'(k)K_1'(k+1)RG_0(k+1)u_1(k)+$$
$$u_1'(k)G_0'(k+1)RG_0(k+1)u_1(k)$$
$$=[x'(k)\ u_1'(k)]\times$$
$$\begin{bmatrix} Q+K_1'(k+1)RK_1(k+1) & -K_1'(k+1)RG_0(k+1) \\ -K_1'(k+1)RG_0(k+1) & G_0'(k+1)RG_0(k+1) \end{bmatrix}\begin{bmatrix} x(k) \\ u_1(k) \end{bmatrix}$$

对上面的等式两边从 $k=1$ 到 $k=N$ 求和

$$x'(1)\theta(0)-x'(N+1)\widetilde{P}(N+1)x(N+1)$$
$$=\sum_{k=1}^{N}[x'(k)\theta(k-1)-x'(k+1)\theta(k)]$$
$$=\sum_{k=1}^{N}[x'(k)\ u_1'(k)]\times$$
$$\begin{bmatrix} Q+K_1'(k+1)RK_1(k+1) & -K_1'(k+1)RG_0(k+1) \\ -K_1'(k+1)RG_0(k+1) & G_0'(k+1)RG_0(k+1) \end{bmatrix}\begin{bmatrix} x(k) \\ u_1(k) \end{bmatrix}$$

鉴于此,可以将性能指标写为

$$J_2(0)=x'(N+1)\widetilde{P}(N+1)x(N+1)+$$
$$[x'(0)\quad u_1'(0)]\begin{bmatrix} Q+K_1'(1)RK_1(1) & -K_1'(1)RG_0(1) \\ -K_1'(1)RG_0(1) & G_0'(1)RG_0(1) \end{bmatrix}\begin{bmatrix} x(0) \\ u_1(0) \end{bmatrix}+$$
$$\sum_{k=1}^{n}[x'(k)\quad u_1'(k)]\times$$
$$\begin{bmatrix} Q+K_1'(k+1)RK_1(k+1) & -K_1'(k+1)RG_0(k+1) \\ -K_1'(k+1)RG_0(k+1) & G_0'(k+1)RG_0(k+1) \end{bmatrix}\times\begin{bmatrix} x(k) \\ u_1(k) \end{bmatrix}$$
$$=[x'(0)\quad u_1'(0)]\begin{bmatrix} Q+K_1'(1)RK_1(1) & -K_1'(1)RG_0(1) \\ -K_1'(1)RG_0(1) & G_0'(1)RG_0(1) \end{bmatrix}\begin{bmatrix} x(0) \\ u_1(0) \end{bmatrix}+$$
$$x'(1)\theta(0)$$

$$= u_1'(0)[G_0'(1)RG_0(1) + \bar{B}'(1)P(1)\bar{B}(1)]u_1(0)$$

$$= u_1'(0)\Xi_0(1)u_1(0)$$

如果最优控制器存在,则对于任意的 $u(0) \neq 0$,性能指标 J_2 可以被最小化。因此,$\Xi_0(1) \geqslant 0$。

结合式(5-26)、式(5-29)和 $\theta(0) = \tilde{P}(1)x(1)$,得到

$$0 = -G_0'(1)RK_1(1)x(0) + G_0'(1)RG_0(1)u_1(0) + \bar{B}'(1)\tilde{P}(1)[\bar{A}(1)x(0) + \bar{B}(1)u_1(0)]$$

因此,最优控制器 $u_1(0)$ 可以写为

$$u_1(0) = -\Xi_0^+(1)\tilde{F}(1)x(0) + [I - \Xi_0^+(1)\Xi_0(1)]\varphi(0) \tag{5-38}$$

再联合式(5-26)、式(5-28)以及式(5-38),得到

$$\theta(-1) = \bar{A}'(1)\tilde{P}(1)[\bar{A}(1)x(0) + \bar{B}(1)u_1(0)] + [Q + K_1'(1)RK_1(1)]x(0) -$$
$$K_1'(1)RG_0(1)u_1(0)$$

$$= [\bar{A}'(1)\tilde{P}(1)\bar{A}(1) + Q + K_1'(1)RK_1(1)]x(0) + [\bar{A}'(1)\tilde{P}(1)\bar{B}(1) -$$
$$K_1'(1)RG_0(1)]u_1(0)$$

$$= [\bar{A}'(1)\tilde{P}(1)\bar{A}(1) + Q + K_1'(1)RK_1(1) - \tilde{F}'(1)\Xi_0^+(1)\tilde{F}(1)]x(0) +$$
$$\tilde{F}'(1)[I - \Xi_0^+(1)\Xi_0(1)]\varphi(0)$$

至此,我们验证了式(5-33)中的 $\tilde{P}(0)$ 在 $k=0$ 时成立。

充分性: 运用完全平方和,得到

$$x'(k+1)\tilde{P}(k+1)x(k+1) - x'(k)\tilde{P}(k)x(k)$$

$$= [\bar{A}(k+1)x(k) + \bar{B}(k+1)u_1(k)]'\tilde{P}(k+1)[\bar{A}(k+1)x(k) +$$
$$\bar{B}(k+1)u_1(k)] - x'(k)\tilde{P}(k)x(k)$$

$$= [x'(k) \quad u_1'(k)]$$

$$\begin{bmatrix} -\tilde{P}(k) + \bar{A}'(k+1)\tilde{P}(k+1)\bar{A}(k+1) & \bar{A}'(k+1)\tilde{P}(k+1)\bar{B}(k+1) \\ \bar{B}'(k+1)\tilde{P}(k+1)\bar{A}(k+1) & \bar{B}'(k+1)\tilde{P}(k+1)\bar{B}(k+1) \end{bmatrix} \times$$

$$\begin{bmatrix} x(k) \\ u_1(k) \end{bmatrix}$$

对上式从 $k=0,1,\cdots,N$ 求和,那么

$$\sum_{k=0}^{n}[x'(k+1)\tilde{P}(k+1)x(k+1) - x'(k)\tilde{P}(k)x(k)]$$

$$= x'(N+1)\tilde{P}(N+1)x(N+1) - x'(0)\tilde{P}(0)x(0)$$

$$= \sum_{k=0}^{n} \begin{bmatrix} x'(k) & u'_1(k) \end{bmatrix} \times$$

$$\begin{bmatrix} -\widetilde{P}(k) + \overline{A}'(k+1)\widetilde{P}(k+1)\overline{A}(k+1) & \overline{A}'(k+1)\widetilde{P}(k+1)\overline{B}(k+1) \\ \overline{B}'(k+1)\widetilde{P}(k+1)\overline{A}(k+1) & \overline{B}'(k+1)\widetilde{P}(k+1)\overline{B}(k+1) \end{bmatrix} \times$$

$$\begin{bmatrix} x(k) \\ u_1(k) \end{bmatrix}$$

将 $x'(N+1)\widetilde{P}(N+1)x(N+1)$ 代入式(5-27)，再结合 Riccati 方程式(5-33)，则式(5-27)可以被描述为

$$J_2 = x'(0)\widetilde{P}(0)x(0) + \sum_{k=0}^{N} x'(k)[-\widetilde{P}(k) + Q + K'_1(k+1)RK_1(k+1) +$$

$$\overline{A}'(k+1)\widetilde{P}(k+1)\overline{A}(k+1) - \widetilde{F}'(k+1)\Xi_0^+(k+1)\widetilde{F}(k+1)]x(k) +$$

$$\sum_{k=0}^{N} [u_1(k) - u_1^*(k)]'\Xi_0(k+1)[u_1(k) - u_1^*(k)]$$

$$= x'(0)\widetilde{P}(0)x(0) + \sum_{k=0}^{N} [u_1(k) - u_1^*(k)]'\Xi_0(k+1)[u_1(k) - u_1^*(k)] \quad (5\text{-}39)$$

注意到 $\widetilde{P}(0) \geqslant 0, \Psi_0(k+1) \geqslant 0$。因此，最优控制器存在并且如式(5-35)所示，最优性能指标存在并且如式(5-36)所示。证毕。

定理 5.3：在定理 5.1 和定理 5.2 的条件下，得到混合 H_2/H_∞ 控制的最优控制器如下式所示

$$u^*(k) = -[\Xi^+(k+1)\tau(k+1) + G_0(k+1)\Xi_0^+(k+1)\widetilde{F}(k+1)]x(k) +$$

$$G_0(k+1)[I - \Xi_0^+(k+1)\Xi_0(k+1)]\varphi(k) \quad (5\text{-}40)$$

$$w^*(k) = -G^{-1}(k+1)[M(k+1) - B'_2 P(k+1)B_1 G_0(k+1)\Xi_0^+(k+1) \times$$

$$\widetilde{F}(k+1)]x(k) - G^{-1}(k+1)B'_2 P(k+1)B_1 G_0(k+1) \cdot$$

$$[I - \Xi_0^+(k+1)\Xi_0(k+1)]\varphi(k) \quad (5\text{-}41)$$

证明：根据式(5-24)，可以看到在 H_2 优化过程中包含两部分。定理 5.2 中求得了第二部分。将式(5-35)代入式(5-24)和式(5-25)，得到最优控制器式(5-40)和式(5-41)。

注 5.4：在本章中，得到了系统性能指标中带有半正定控制加权矩阵的混合 H_2/H_∞ 控制问题的闭环解。需要注意的是，在我们以往的工作[34,112-113]中，性能指标中的控制项加权矩阵都是正定的，因此，以上问题在第一步 H_∞ 优化过程中得到的解都是唯一的，并不能进一步优化 H_2 范数。正如引言中讨论的那样，他们并不是混合 H_2/H_∞ 控制问题的闭环解，而是该问题被等价后的领导者-跟随者博弈问题的开环解。

5.3　数值例子

为了验证以上结果的有效性,在本节中给出一个数值例子。考虑系统方程(5-1)～方程(5-4)

$$A = \begin{bmatrix} 1 & 1 \\ 1 & 1 \end{bmatrix}, \quad B = \begin{bmatrix} 1 & 0 \\ 1 & 0 \end{bmatrix}, \quad B_2 = \begin{bmatrix} 1 & 1 \\ 1 & 1 \end{bmatrix},$$

$$C'C = \begin{bmatrix} 1 & 1 \\ 1 & 1 \end{bmatrix}, \quad D'D = \begin{bmatrix} 1 & 0 \\ 1 & 0 \end{bmatrix}$$

γ^2 取值为 4,π_0^{-1} 取值为 $\begin{bmatrix} 3 & 2.98 \\ 2.98 & 3 \end{bmatrix}$,初始状态为 $x(0) = \begin{bmatrix} 1 \\ 2 \end{bmatrix}$。令

$$N = 2, \quad P(3) = \begin{bmatrix} 1 & 1 \\ 1 & 1 \end{bmatrix}$$

首先考虑 H_∞ 优化问题。通过迭代运算,得到正则 Riccati 方程式(5-15)的解如下所示

$$P(2) = \begin{bmatrix} 2.33 & 2.33 \\ 2.33 & 2.33 \end{bmatrix}, \quad P(1) = \begin{bmatrix} 2.65 & 2.65 \\ 2.65 & 2.65 \end{bmatrix}, \quad P(0) = \begin{bmatrix} 2.68 & 2.68 \\ 2.68 & 2.68 \end{bmatrix}$$

其中,$P(0) - \pi_0^{-1} < 0$。

结合上述运算取得的结果来计算式(5-18)和式(5-19),得到定理 5.1 中描述的最优控制器为

$$u(2) = \begin{bmatrix} -15.92 \\ 0 \end{bmatrix} + \begin{bmatrix} 0 & 0 \\ 0 & 1 \end{bmatrix} \psi(2)$$

$$u(1) = \begin{bmatrix} -9.84 \\ 0 \end{bmatrix} + \begin{bmatrix} 0 & 0 \\ 0 & 1 \end{bmatrix} \psi(1)$$

$$u(0) = \begin{bmatrix} -5.04 \\ 0 \end{bmatrix} + \begin{bmatrix} 0 & 0 \\ 0 & 1 \end{bmatrix} \psi(0)$$

$$w(2) = \begin{bmatrix} 7.84 \\ 7.84 \end{bmatrix} + \begin{bmatrix} 0 & 0.64 \\ 0 & 0.64 \end{bmatrix} \psi(2)$$

$$w(1) = \begin{bmatrix} 4.92 \\ 4.92 \end{bmatrix} + \begin{bmatrix} 0 & 0.62 \\ 0 & 0.62 \end{bmatrix} \psi(1)$$

$$w(0) = \begin{bmatrix} 2.52 \\ 2.52 \end{bmatrix} + \begin{bmatrix} 0 & 0.61 \\ 0 & 0.61 \end{bmatrix} \psi(0)$$

在 H_2 优化中,正则 Riccati 方程式(5-33)的解如下所示

$$\widetilde{P}(2) = \begin{bmatrix} 6.70 & 6.70 \\ 6.70 & 6.70 \end{bmatrix}, \quad \widetilde{P}(1) = \begin{bmatrix} 20.16 & 20.16 \\ 20.16 & 20.16 \end{bmatrix}, \quad \widetilde{P}(0) = \begin{bmatrix} 12.65 & 12.65 \\ 12.65 & 12.65 \end{bmatrix}$$

上一优化过程中得到的控制器中的任意项 $\psi(k)$ 可以通过矩阵变换为 $u_1(k)$。经过

计算式(5-35)得到 $u_1(k)(k=2,1,0)$ 的值如下所示

$$u_1(2) = \begin{bmatrix} -0.2019 \\ 0 \end{bmatrix} + \begin{bmatrix} 0 & 0 \\ 0 & 1 \end{bmatrix} \varphi(2)$$

$$u_1(1) = \begin{bmatrix} 13.25 \\ 0.3 \end{bmatrix} + \begin{bmatrix} 0 & 0 \\ 0 & 1 \end{bmatrix} \varphi(1)$$

$$u_1(0) = \begin{bmatrix} 173.65 \\ 0 \end{bmatrix} + \begin{bmatrix} 0 & 0 \\ 0 & 1 \end{bmatrix} \varphi(0)$$

式(5-35)中的任意项 $\varphi(k)(k=2,1,0)$ 选为

$$\varphi(2) = \begin{bmatrix} 1 \\ 0.1 \end{bmatrix}, \quad \varphi(1) = \begin{bmatrix} 0.6 \\ 0.3 \end{bmatrix}, \quad \varphi(0) = \begin{bmatrix} 1 \\ 0.7 \end{bmatrix}$$

将 $\varphi(k)(k=2,1,0)$ 代入 $u_1(k)(k=2,1,0)$ ，然后根据定理 5.3，可以分别得到最优控制器式(5-40)和式(5-41)

$$u(2) = \begin{bmatrix} -15.92 \\ 0.1 \end{bmatrix}, \quad u(1) = \begin{bmatrix} -9.84 \\ 0.6 \end{bmatrix}, \quad u(0) = \begin{bmatrix} -5.14 \\ 0.7 \end{bmatrix},$$

$$w(2) = \begin{bmatrix} 7.904 \\ 7.904 \end{bmatrix}, \quad w(1) = \begin{bmatrix} 5.292 \\ 5.292 \end{bmatrix}, \quad w(0) = \begin{bmatrix} 2.947 \\ 2.947 \end{bmatrix}$$

经过计算，H_∞ 范数形式的最优性能指标 $J_\infty = -2.80$。H_2 范数形式的最优性能指标 $J_2 = 113.85$。

5.4　本章小结

研究了离散时间线性系统的混合 H_2/H_∞ 半定控制问题。给出了性能指标中控制加权矩阵为半正定的混合 H_2/H_∞ 控制问题的闭环解。针对该问题，提出了两个优化步骤。首先，在 H_∞ 优化中，得到了最优控制器 (u,w)，其中控制器 u 使 J_∞ 最小，同时控制器 w 使 J_∞ 最大。由于控制加权矩阵半正定的性质，控制器 u 中存在任意项。其次，经过矩阵变换，将上一步取得的控制器中的任意项转化为在 H_2 优化过程中待求的控制器，进而进一步优化性能指标 J_2。结合两步优化过程，在正则假设下，用正则 Riccati 方程显式给出了混合 H_2/H_∞ 半定控制问题的闭环解。

附　录

附录 1　最优控制问题的数学描述

以下从被控系统方程、系统状态的约束条件、目标集、容许策略集、指标函数等部分对最优控制问题进行阐述。

1. 被控系统方程

系统方程通常由状态方程和输出系统状态的约束条件方程组成,即

$$\begin{cases} \dot{x}(t) = f(x, u, t) \\ y(t) = g(x, u, t) \end{cases}$$

其中,$x \in \mathbb{R}^n$ 和 $u \in \mathbb{R}^r$ 分别为被控系统的状态和控制变量;$y \in \mathbb{R}^m$ 为输出变量;函数变量在一定条件下可以使得状态方程对于控制变量 u 具有唯一解;$g \in \mathbb{R}^m$ 是输出函数的变量。在不同的情形,状态变量有的可以直接量测,这种情况下控制律能直接设计得到;但是对于不能通过量测得到的状态变量,要通过输出变量来构造控制律。

2. 系统状态的约束条件

在实际应用中,被控系统方程受初始状态和终端状态的约束。约束条件分为等式和不等式约束。一般来说,等式约束满足如下情形:

$$h_1[x(t_0), t_0] = 0, \quad h_2[x(t_t), t_t] = 0$$

其中,h_1 和 h_2 是两个函数。两个典型约束:

$$x(t_0) = x_0, \quad x(t_t) = t_f$$

其中,x_0 和 x_f 是两个常数。

不等式约束:

$$h_1[x(t_0), t_0] \leqslant 0, \quad h_2[x(t_t), t_t] \leqslant 0$$

该不等式说明两个函数变量 h_1 和 h_2 的元素均满足小于或者等于 0。

一般来说，系统的初始状态 $x(t_0)$ 给定，终端状态 $x(t_f)$ 满足约束条件。

3. 目标集

上述所以满足约束条件的终端状态 $x(t_f)$ 构成的集合成为目标集。一般描述为

$$M = \{x(t_t) \mid h_1[x(t_f), t_f] = 0, h_2[x(t_f), t_t] \leqslant 0, x(t_f) \in \mathbb{R}^n\}$$

在系统的控制过程中，往往对系统的状态和控制输入有约束，这类约束经常用他们的积分函数来描述，分为积分型等式约束和不等式约束，即

$$\int_{t_0}^{t_f} L_k[x, u, t] \mathrm{d}t = 0$$

$$\int_{t_0}^{t_f} L_l[x, u, t] \mathrm{d}t \leqslant 0$$

其中，L_k 和 L_l 是可积函数向量。

4. 容许策略集

对于满足控制约束的所有控制策略构成的集合称为容许策略集，记为 U。

控制变量一般是有界的，可用如下不等式来表示：

$$\alpha_i \leqslant u_i \leqslant \beta_i, \quad i = 1, 2, \cdots, r$$

所有的控制变量满足的约束条件表示为

$$u_1^2 + u_2^2 + \cdots + u_r^2 = \alpha^2$$

附录 5 中提到的刚醒机械臂是具有控制变量约束的系统，比如，各个关节的驱动电机输入电压有限制，关节的转动角度也有限制。

5. 指标函数

在控制系统中要设计函数来评价控制过程的优劣，由于控制过程涉及到系统状态和控制输入，所以设计指标函数是系统状态和控制输入的函数，如下所示：

$$J = \Phi[x(t_f), t_f] + \int_{t_0}^{t_f} L(x, u, t) \mathrm{d}t$$

其中，L 为可积函数，$\Phi[x(t_f), t_f]$ 为终端型性能指标，用来评价终端状态特性；$\int_{t_0}^{t_f} L(x, u, t) \mathrm{d}t$ 是积分型性能指标，用来确定状态和控制在时间区间上的变化特性。对于不同的控制问题，关心的角度不一样，在设计指标函数时就有不同的取舍，例如只关心系统的终端特性时，性能指标函数就设计为

$$J = \Phi[x(t_f), t_f]$$

附录 2　线性系统极大值原理

考虑一个标准的控制系统，系统方程如下

$$\dot{x}(t) = f(x(t),u(t),t)$$

其中，$x(t_0)$ 已知，$x(t_f)$ 未知。

性能指标定义为

$$J(u(t)) = \int_{t_0}^{t_f} V(x(t),u(t),t) \mathrm{d}t$$

构造哈密尔顿函数

$$H(x(t),u(t),\lambda(t),t) = V(x(t),u(t),t) + \lambda'(t)f(x(t),u(t),t)$$

那么拉格朗日函数可以写为

$$L(x(t),\dot{x}(t),u(t),\lambda(t),t) = H(x(t),u(t),\lambda(t),t) - \lambda'(t)\dot{x}(t)$$

对上式应用欧拉-拉格朗日公式，可以得到

$$\left(\frac{\partial H}{\partial x}\right)_* - \frac{\mathrm{d}}{\mathrm{d}t}(-\lambda^*) = 0$$

$$\left(\frac{\partial H}{\partial \lambda}\right)_* - \dot{x}^*(t) - \frac{\mathrm{d}}{\mathrm{d}t}(0) = 0$$

$$\left(\frac{\partial H}{\partial u}\right)_* - \frac{\mathrm{d}}{\mathrm{d}t}(0) = 0$$

经过计算得到状态方程、协态方程和控制方程的表达式

$$\dot{x}^*(t) = +\left(\frac{\partial H}{\partial \lambda}\right)_*$$

$$\dot{\lambda}^*(t) = -\left(\frac{\partial H}{\partial x}\right)_*$$

$$0 = + \left(\frac{\partial H}{\partial u}\right)_*$$

把边界条件代入哈密尔顿方程,得到如下表达式

$$\left[H - \lambda'(t)\dot{x}(t) - \dot{x}'(t)(-\lambda(t))\right]\big|_{*t_f}\delta t_f + \left[-\lambda'(t)\right]\big|_{*t_f}\delta x_f = 0$$

即

$$H\big|_{*t_f}\delta t_f + \lambda^{*'}(t_f)\delta x_f = 0$$

考虑充分条件:

当 $\left(\frac{\partial^2 H}{\partial u^2}\right) > 0$ 时,最小化性能指标;

当 $\left(\frac{\partial^2 H}{\partial u^2}\right) < 0$ 时,最大化性能指标。

现在讨论使用变分法得到最优条件中用到的一些概念:

1. 拉格朗日乘子:拉格朗日乘子也称为协态(或伴随)函数。

(1)引入拉格朗日乘子来表示对系统方程施加的约束关系。

(2)协态变量 $\lambda(t)$ 使得对每一个变量 $x(t)$ 和 $u(t)$ 分别使用欧拉-拉格朗日方程。

2. 定义拉格朗日函数和哈密尔顿函数:

$$L = L(x(t),\dot{x}(t),u(t),\lambda(t),t)$$
$$= V(x(t),u(t),t) + \lambda'(t)\{f(x(t),u(t),t) - \dot{x}(t)\}$$
$$H = H(x(t),u(t),\lambda(t),t)$$
$$= V(x(t),u(t),t) + \lambda'(t)f(x(t),u(t),t)$$

在定义拉格朗日函数和哈密尔顿函数时,我们一般用向量表示它们。

3. 优化哈密尔顿函数

(1)平衡方程表明哈密尔顿函数关于控制 $u(t)$ 是最优的。即原始的性能指标的优化等价于哈密尔顿函数对 $u(t)$ 的优化,该指标是在系统方程约束下的函数。因此,我们将原来的带约束的函数优化问题"简化"为无约束的函数优化问题。

(2)在上述转化得到的无约束优化问题中,得到控制关系 $\partial H/\partial u = 0$。

(3)不管对 $u(t)$ 有什么约束,Pontryagin 已经证明,必须选择 $u(t)$ 来最小化哈密尔顿函数。Pontryagin 对最优控制理论最突出的贡献是选取 $u(t)$ 来优化哈密尔顿函数并给出严格证明。由于这个原因,这种方法通常被称为 Pontryagin 极大值原理。在约束控制的情况下

$$\min_{u \in U} H(x^*(t),\lambda^*(t),u(t),t) = H(x^*(t),\lambda^*(t),u^*(t),t)$$

或者等价于

$$H(x^*(t),\lambda^*(t),u^*(t),t) \leqslant H(x^*(t),\lambda^*(t),u(t),t)$$

4. Pontryagin 极大值原理:起初,Pontryagin 使用了一个稍有不同的性能指标,它是最大化性能指标的,因此被称为庞特里亚金极大值原理。因此,哈密尔顿函数有

时也被称为 Pontryagin-H 函数。最小化性能指标 J 等价于最大化性能指标 $-J$。此时,可以把哈密尔顿函数定义为

$$H(x(t),\lambda(t),u(t),t)=-V(x(t),u(t),t)+\hat{\lambda}'(t)f(x(t),u(t),t)$$

5. 哈密尔顿函数的最优条件为

$$\frac{\partial H^*}{\partial t}=\frac{\mathrm{d}H^*(x^*(t),u^*(t),\lambda^*(t),t)}{\mathrm{d}t}$$

$$=\left(\frac{\partial H}{\partial x}\right)'\dot{x}^*(t)+\left(\frac{\partial H}{\partial \lambda}\right)'\dot{\lambda}^*(t)+\left(\frac{\partial H}{\partial u}\right)'\dot{u}^*(t)+\left(\frac{\partial H}{\partial t}\right)$$

通过计算可以知道,如果哈密尔顿函数不直接依赖于时间 t,那么在最优轨迹上,时间的总导数与时间的偏导数是相同的。

附录3　机电系统的数学模型

在一类工程系统中,作为同时含有电气部分和机械部分的机电系统尤为典型。研究机电系统通常用到力学定律、电路定律和电磁定律。对于电驱控制的直流电动机来说,参数和励磁磁场均为已知,假设施加在电驱端的电压 e 为输入参数,电机的转速 w 为输出变量,试用状态空间表达式来分析该机电系统的状态和输出方程。

首先是选取合适的状态变量。在该电机系统中存在两个储能元件,即转子转动惯量 J 和电驱电感 L。由于这两个元件是相互独立的,所以对应的转子转速 w 和电驱电流 i_a 构成线性极大无关变量。因此,选取它们作为状态变量。

然后,根据电路定律和力学定律分别建立电路和机械部分的动态方程。

研究电路部分时只要包含两部分要素:第一,基于电压平衡的基尔霍夫定律确定动态方程;第二,由转子转速 w 所引起的反电势项 $C_e w$,这里 C_e 为常数。同理,研究机械部分时也要按照两个部分进行研究:第一,根据力矩平衡的牛顿定律确定动态方程;第二,由电驱电流 i_a 引起的电磁力矩项 $C_M i_a$,这里 C_M 为常数。根据上述步骤,可以分别写出电路和机械部分的状态方程:

电路状态方程:$R_a i_a + L_a \dfrac{\mathrm{d} i_a}{\mathrm{d} t} + C_e w = e$

机械状态方程:$J \dfrac{\mathrm{d} w}{\mathrm{d} t} + f w - C_M i_a = 0$

其次,对上述电路状态方程和机械状态方程做规范化处理,即令方程左端只包含状态变量的一次导数项 $\mathrm{d} i_a / \mathrm{d} t$ 和 $\mathrm{d} w / \mathrm{d} t$,然后得到下述方程

$$\frac{\mathrm{d} i_a}{\mathrm{d} t} = -\frac{R_a}{L_a} i_a - \frac{C_e}{L_a} w + \frac{1}{L_a} e$$

$$\frac{\mathrm{d}w}{\mathrm{d}t} = \frac{C_\mathrm{M}}{J} i_\mathrm{a} - \frac{f}{J} w$$

依据输出变量的设定可以得到输出方程为

$$w = w$$

最后,分别导出状态方程和输出方程。将上述方程变为状态空间方程的描述方式,分别得到状态方程为

$$\begin{bmatrix} \dot{i}_\mathrm{a} \\ \dot{w} \end{bmatrix} = \begin{bmatrix} -\dfrac{R_\mathrm{a}}{L_\mathrm{a}} & -\dfrac{C_\mathrm{e}}{L_\mathrm{a}} \\ \dfrac{C_\mathrm{M}}{J} & -\dfrac{f}{J} \end{bmatrix} \begin{bmatrix} i_\mathrm{a} \\ w \end{bmatrix} + \begin{bmatrix} \dfrac{1}{L_\mathrm{a}} \\ 0 \end{bmatrix} e$$

输出方程为

$$w = \begin{bmatrix} 0 & 1 \end{bmatrix} \begin{bmatrix} i_\mathrm{a} \\ w \end{bmatrix}$$

式中,$\dot{i}_\mathrm{a} = \mathrm{d}i_\mathrm{a}/\mathrm{d}t$,$\dot{w} = \mathrm{d}w/\mathrm{d}t$。

其中,对状态空间表达式中的矩阵命名如下:

$$A = \begin{bmatrix} -\dfrac{R_\mathrm{a}}{L_\mathrm{a}} & -\dfrac{C_\mathrm{e}}{L_\mathrm{a}} \\ \dfrac{C_\mathrm{M}}{J} & -\dfrac{f}{J} \end{bmatrix}, \quad B = \begin{bmatrix} \dfrac{1}{L_\mathrm{a}} \\ 0 \end{bmatrix}, \quad C = \begin{bmatrix} 1 & 0 \end{bmatrix}, \quad D = 0$$

这样,上述机电系统的状态方程和输出方程分别描述为

$$\begin{bmatrix} \dot{i}_\mathrm{a} \\ \dot{w} \end{bmatrix} = A \begin{bmatrix} i_\mathrm{a} \\ w \end{bmatrix} + Be$$

$$w = C \begin{bmatrix} i_\mathrm{a} \\ w \end{bmatrix} + De$$

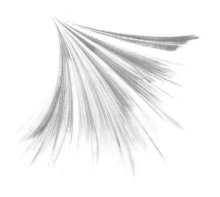

附录4 刚性机械臂系统的数学模型

机械臂按照发展时期分类包括：

第一代机械臂，是一类根据预先给定的姿态和位置开展活动的的机械臂。它也可以简称为 T/P(Teaching/Playback)方式的机械臂。由于此类机械臂的高通用性，目前，国际通用的机械臂大多采用这种运行模式。但是该工作方式对周围环境无自主感知功能，所以其应用范围受到一定的限制。

第二代机械臂，即有触觉、视觉等一系列外部感知能力的机械臂。此类机械臂通过获取外界的信息改变自身的活动方式，继而完成更为复杂的工作。如：有学者基于 Simulink 控制程序研制出一种与其无缝链接、下载的助餐机器人，使机器人的实时控制成为可能，满足了伤残患者不同的助餐要求。他们基于 Matlab/xPC 实时目标环境，开发了适用于助餐机器人的上位机软件模块和硬件接口模块，助餐机器人模块化控制平台的设计实现了基于脚踏开关、语音识别和图像识别的助餐机器人三种人机交互方式。使机械手运动学计算、关节控制器、路径规划控制算法得以实现。

第三代机械臂，此类机械臂除有第二类机械臂所具有的外部感知功能外，还有决策和规划的功能，可随着环境变化自主更新工作。机械臂作为一类能够从传感器获取的环境信息和自身的状态来实现在复杂未知环境中自主运动的机器人系统，在工业工程、航空航天、医疗康复、交通运输和国防安全等应用中具有广阔的使用前景。给出三代机械臂的另一种定义，按照自主性的不同，机械臂可以定义为三种类型：遥控、半自主和自主。其中第三代机械臂，即自主式移动机器人对于环境具有感知、规划和决策能力。实现机械臂在动态、不确定环境中的自主性，对于移动机器人的体系结构、感知与认识、规划与控制技术和有关的人工智能理论与方法都提出了具有挑战性的课题。

目前,第三代机械臂处于研究阶段,和实际应用之间还存在一段距离。如:有学者对柔性机械臂进行简单的逆运动学分析,并对机械臂的逆运动学进行了基于小脑模型神经网络方法的数值仿真分析,仿真结果证明通过较短的学习次数,小脑模型神经网络方法可达到减小机械臂振动的目的。

在现代工业制造系统中,机械臂正向着高精度、高灵活性、高可靠性、轻质和重载等方向快速发展,但目前的机械臂还无法满足装配作业对机械臂提出的高精度、高通用性、高可靠性的要求,所以机械臂在工业生产中的自动化装配水平就发展缓慢,机械臂的控制精度问题也成为了机械臂技术发展的一个重要研究课题。

为了实现和环境的交互,以及更加合理的操纵物体,继而完成既定的任务,实现智能化控制,需要合理的规划机械臂各个关节的运动轨迹以及空间的交互关系,层层联系构成末端姿态,因此对机械臂关节空间实施精确快速控制就显得尤为重要,比如工业移动机器人在工作场所里按预定路线运送物料、焊接机器人的焊缝跟踪、自主式移动机器人的道路跟随等都将影响工程的效率和安全性。

最为非线性、强耦合的复杂系统,机械臂的建模过程也是一个考虑多个输入和多个输出的过程,各个参数之间存在摄动以及外界干扰等多种不确定性。因此机械臂的系统模型具有非结构不确定性和结构不确定性。非结构不确定性主要是由于外界干扰、测量噪声及信息处理过程中的时间延迟和舍入误差等由于操作系统的不准确性等因素造成的不确定性。结构不确定性和被控对象本身有关,可分为参数不确定性和未建模动态。其中参数不确定性包括负载质量、连杆质量、长度及连杆质心等参数未知或部分已知。

机械臂系统是基于 Quanser 的旋转控制工作平台,该平台提供了集电气、机械、计算机、航空航天、机械一体化于一体的教学控制理论。Quanser 产品包括加拿大 Quanser 公司研发的控制实验用的各种受控对象装置。

Quanser 的直线运动控制系列装置可以包括位置伺服系统、直线倒立摆系统、柔性关节控制系统、直线高精度小车系统等 14 个实验;旋转运动控制系统系列装置包括位置伺服控制、旋转伺服控制、球杆系统控制、旋转倒立摆控制、平面倒立摆控制、二自由度机器人控制等 13 种控制对象装置。Quanser 专门实验装置包括 3 自由度直升机位姿控制、震动台控制、5/6 自由度机器人控制、磁悬浮控制、3 自由度起重机控制等诸多实验装置。

二自由度机器人提供了一个关于机械臂的基础控制平台。该系统是平面二自由度的,有两个驱动和三个未致动旋转接头。SRV02 平台上的两个伺服马达被安装在一个固定的距离来控制一个四连杆系统。二自由度机器人轨迹跟踪的目的是通过四连杆端部执行器来控制 x-y 的位置。需要设计一个控制器来控制端部执行器的平面坐标,通过驱动两个与电机相连的手臂来实现另外两个手臂的运动。最后运动轨迹通过末端执行器表示出来。

平台示意图如下图 1 所示:

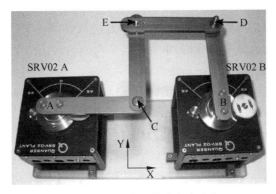

图 1   二自由度机械臂实验平台

根据电机学和力学原理可以求出伺服系统输出角位移 $\theta_i(s)$ 和输入电压 $V_m(s)$ 的关系为

$$\frac{\theta_i(s)}{V_m(s)} = \frac{\eta_g \eta_m K_g K_t}{J_{eq} R_m S^2 + (B_{eq} R_m + \eta_g \eta_m K_g^2 K_t K_m)S}$$

式中：K_t——电机转矩系数(N·m/A)；

　　　R_m——电机电枢阻抗(Ω)；

　　　η_m——电机效率；

　　　K_m——电机反应电势系数(V·m/rad)；

　　　K_g——变速箱齿轮比；

　　　η_g——变速箱的效率；

　　　J_{eq}——四连杆机械臂的转动惯量(kg·m^2)；

　　　B_{eq}——等效黏滞阻尼数；

　　　$\theta_i(s)$——杆的角位移(rad)；

　　　$V_m(s)$——电机电枢电压(V)。

由实验室设备及其相关数据,得

$$\frac{\theta_i}{V_m} = \frac{1.76}{0.0477s^2 + s}$$

考虑二自由度机械臂,其控制系统的原理图如下图 2 所示。通过计算机给出期望轨迹,也就是机械臂终端操作器 E 的横、纵坐标的期望轨迹,根据编码器检测到的2 台伺服系统的输出角位移,计算出每一时刻的相应的控制电压 V_m,由 UPM 电源模块控制伺服系统,从而实现对二自由度机械臂的轨迹跟踪控制。

根据全局的驱动角位移求解机械臂终端执行器的笛卡儿坐标,进行前向动力学分析,如图 3 所示：

定义系统的初始输出角位移 $\theta_A = 0$,$\theta_B = 0$,E 点的初始位置为 $(E_{x0}, E_{y0}) = (L_b, L_b)$。点 A 与点 B 的坐标分别为 $(0,0)$ 和 $(2L_b, 0)$。

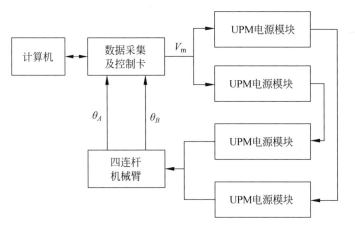

图 2 二自由度机器人控制系统的原理图

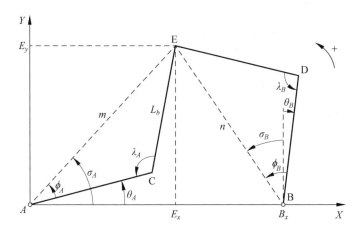

图 3 机械臂的前向动力学分析图

关节点 C 的坐标为

$$C_x = L_b \cos(\theta_A)$$
$$C_y = L_b \sin(\theta_A)$$

同理,D 点的坐标为

$$D_x = B_x + L_b \sin(\theta_B)$$
$$D_y = L_b \cos(\theta_B)$$

CD 两点的距离为 $p = \sqrt{(D_y - C_y)^2 + (D_x - C_x)^2}$。

因为四连杆机械臂的长度都是 L_b,所以 $\triangle CDE$ 是等腰三角形,则 $L_b \cos\alpha = p/2$,整理得

$$\alpha = \arccos\sqrt{[3 + 2(\sin\theta_B - \cos\theta_A) - \sin(\theta_A + \theta_B)]/2}$$

在以 C,D 为顶点,平行于两坐标轴的直角三角形中,求得

$$\tan\beta = \frac{D_y - C_y}{D_x - C_x}$$

即

$$\beta = \arctan\frac{\cos\theta_B - \sin\theta_A}{2 + \sin\theta_B - \cos\theta_A}$$

通过 α 与 β 的和 CE 边与平行于 X 轴的直线的夹角,可求得末端执行器的坐标分别为

$$E_x = C_x + L_b\sin(\alpha + \beta)$$

$$E_y = C_y + L_b\sin(\alpha + \beta)$$

通过以上分析,最终二自由度机械臂的模型为

$$\alpha = \arccos\sqrt{[3 + 2(\sin\theta_B - \cos\theta_A) - \sin(\theta_A + \theta_B)]/2}$$

$$\beta = \arctan\frac{\cos\theta_B - \sin\theta_A}{2 + \sin\theta_B - \cos\theta_A}$$

$$E_x = L_b\sin\theta_A + L_b\sin(\alpha + \beta)$$

$$E_y = L_b\sin\theta_A + L_b\sin(\alpha + \beta)$$

代入相关数据,经线性化后得到其数学模型表达式如下所示

$$\dot{x} = Ax + Bu, \quad A = \begin{bmatrix} 0 & 1 \\ -835.21 & -39.882 \end{bmatrix}, \quad B = \begin{bmatrix} 0 \\ 835.21 \end{bmatrix}$$

另外,由于系统不确定性因素的存在,对一些控制方法提出了挑战,从而能够对滑模方法的鲁棒性能进行验证,在以后各章中用 $d(x)$ 表示系统参数不确定性和外部干扰的总和。系统模型可以表示为:

$$\begin{cases} \dot{x}_1 = x_2 \\ \dot{x}_2 = f(x) + g(x)u + d(x) \end{cases}$$

其中,$f(x) = -835.21x_1 - 39.882x_2$,$g(x) = 835.21$,$d(x)$ 为不确定性因素。

机械臂的系统模型就可作为本文的线性系统模型。

参 考 文 献

[1] Anderson B D O, Moore J B. Optimal control: Linear quadratic method-s[M]. Englewood Cliffs: Prentice-Hall, 1989.

[2] Huang M, Caines P E, Malhame R P. Social optima in mean field LQG control: Centralized and decentralized strategies[J]. IEEE Transactions on Automatic Control, 2012, 57(7): 1736-1751.

[3] Zhang H, Cheng P, Shi L, et al. Optimal DoS attack scheduling in wireless networked control system[J]. IEEE Transactions on Control Systems Technology, 2016, 24(3): 843-852.

[4] Joshi S M. On optimal control of linear systems in the presence of multiplicative noise[J]. IEEE Transactions on Aerospace And Electronic Systems, 1976, 12(1): 80-85.

[5] Moore J B, Zhou X Y, Lim A E B. Discrete time LQG controls with control dependent noise [J]. System and Control Letter, 1999, 36: 199-206.

[6] Wonhan W. On a matrix Riccati equation of stochastic control [J]. SIAM Journal on Control and Optimization, 1968, 6(4): 681-697.

[7] Yong J, Zhou X. Stochastic controls: Hamiltonian systems and HJB equations[M]. Spring Verlag, New York, Inc, 1999.

[8] Zames G. Feedback and optimal sensitivity: Model reference transformations, multiplicative senminorms and approximate inverse[J]. IEEE Transactions on Automatic Control, 1981, 26(2): 301-320.

[9] Bernstein D S, Haddad W M. LQG control with H_∞ performance bound: A Riccati equation approach[J]. IEEE Transactions on Automatic Control, 1989, 34(3): 293-305.

[10] Khargonekar P P, Rotea M A. Mixed H_2/H_∞ control: A convex optimization approach[J]. IEEE Transactions on Automatic Control, 1991, 36(7): 824-837.

[11] Limebeer D J N, Anderson B D O, Hendel B A. Nash game approach to mixed H_2/H_∞ control[J]. IEEE Transactions on Automatic Control, 1994, 39(1): 69-82.

[12] Muradore R, Picci G. Mixed H_2/H_∞ control: the discrete-time case[J]. System and Control Letters, 2005, 54(1): 1-13.

[13] Zhou K, Glover K, Bodenheimer B, et al. Mixed H_2 and H_∞ performance objectives I: robust performance analysis [J]. IEEE Transactions on Automatic Control, 1994, 39 (8): 1564-1574.

[14] Doyle J, Zhou K, Glover K, et al. Mixed H_2 and H_∞ performance objectives II: optimal control[J]. IEEE Transactions on Automatic Control, 1994, 39(8): 1575-1587.

[15] Richard J P. Time-delay systems: An overview of some recent advances and open problems [J]. Automatica, 2003, 39: 1667-1694.

[16] Mukaidani H. H_2/H_∞ control of stochastic systems with multiple decision makers: A Stackelberg game approach[C]. IEEE 52nd Annual Conference on Decision and Control, 2013, 1750-1755.

[17] Wang Y, Lu J, Li Z, et al. Mixed H_2/H_∞ control for a class of nonlinear networked control systems[J]. International Journal of Control, Automation, and Systems, 2016, 14 (3):

655-665.

[18] Hinrichsen D,Pritchard A J. Stochastic H_∞[J],SIAM Journal on Control and Optimization, 1998,36(5)：1504-1538.

[19] Chen B S,Zhang W. Stochastic H_2/H_∞ control with state dependent noise[J]. IEEE Transactions on Automatic Control,2004,49：45-57.

[20] Bouhtouri A EL,Hinrichsen D,Pritchard A J. H_∞-type control for discrete-time stochastic systems[J]. International Journal of Robust and Nonlinear Control,1999,9(13)：923-948.

[21] Zhang W,Huang Y,Zhang H. Stochastic H_2/H_∞ control for discrete-time systems with state and disturbance dependent noise[J]. Automatica,2007,43：513-521.

[22] Zhang W,Zhang H,Chen B S. Stochastic H_2/H_∞ control with (x; u; v)-dependent noise：Finite horizon case[J]. Automatica,2006,42：1891-1898.

[23] Doyle J C,Glover K,Khargonekar P P, et al. State-space solutions to standard H_2/H_∞ control problems[J]. IEEE Transactions on Automatic Control,1989,34(8)：831-847.

[24] Kwakemaak H,Sivan R. Linear optimal control systems[M]. New York：Wiley,1972.

[25] Francis B A,Doyle J C. Linear control theory with an H_∞ optimality criterion[J]. SIAM Journal on Control and Optimization,1987,25：815-844.

[26] Francis B A. A course in H_∞ control theory[M]. New York：Springer-Verlag,1987.

[27] Doyle J C,Stein G. Multivariable feedback design：Concepts for a classical modem synthesis [J]. IEEE Transactions on Automatic Control,1981,26(1)：4-16.

[28] Francis B A. On robustnessof the stability of feedback systems[J]. IEEE Transactions on Automatic Control,1980,AC-25,817-818.

[29] Robort L,Vittal R,Frank K. Mixed H_2 and H_∞ optimal control of smart structures[C]. Proceedings of the 33th Conference on Decision and Control,Lake Buena Vista,1994,115-120.

[30] Curtis P M,Ridgely D B. Normal accleration command following of the F-16 using optimal control methodologies：A comparison[C]. First IEEE Conference on Control Applications,1992,2：602-607.

[31] Sweriduk G D,Calise A J. Differential game approach to the mixed H_2/H_∞ problem[C]. AIAA 35th Aerospace Science Meeting/Nonlinear Dynamical Systems Symposium,1997,20：1229-1234.

[32] Green M,Limebeer D J N. Linear robust control[M]. Upper Saddle River：Prentice-Hall, Inc. 1995.

[33] Mustafa D. Relations between maximum entropy/H_∞ control and combined H_∞/LQG control[J]. System and Control Letter,1989,12(3)：193-203.

[34] Li X,Xu J,Wang W,et al. Mixed H_2/H_∞ control for discrete-time systems with input delay [J]. IET Control Theory and Applications,2018,12(16)：2221-2231.

[35] Yeh H H,Banda S S,Chang B C. Necessary and suffificient conditions for mixed H_2/H_∞ optimal control[J]. IEEE Transactions on Automatic Control,1992,37(3)：355-358.

[36] Halikias G D,Jaimouka I M,Wilson D A. A numerical solution to the matrix H_2/H_∞ optimal control problem[J]. International Journal of Robust and Nonlinear Control,1994,7(7)：711-726.

[37] Yuan L S,Jiang W S. Use of the extended genetic algorithm to solve the modifified general

mixed H_2/H_∞ control problem[C]. Proceedings of the American Control Conference. Battimore,1994: 2777-2781.

[38] Chen B S,Cheng Y M,Lee C H. A genetic approach to mixed H_2/H_∞ optimal PID control [J]. IEEE Control System Magazine,1995,15(5): 51-60.

[39] Lin C T,Calistru C N. Mixed H_2/H_∞ PID robust control via genetic algorithms and mathematica facilities[C]. Proceeding of the 2nd European Symposium on Intelligent Techniques,Crete,1999.

[40] Murakami T,Moran A, Hayase M. Mixed H_2/H_∞ output feedback controller[C]. Proceedings of the 35th SICE Annual Conference, International Session Papers, Tottori, 1996: 1275-1278.

[41] Chen X,Zhou K M. On mixed H_2/H_∞ infifinity control[C]. Proceedings of the 28th Southeastern Symposium on System Theory,1996,2-6.

[42] Florentino H D,Sales R M. Nash game and mixed H_2/H_∞ control[C]. Proceeding of the 1997 American Control Conference,Albuquerque,New Maxico,1997: 3521-3525.

[43] Doyle J,Zhou K, Bodenheimer B. Optimal control with mixed H_2 and H_∞ performance objectives[C]. 1989 American Control Conference,1989,3: 2065-2070.

[44] Zhu H N,Zhang Z C K, Sun P H, et al. A Stackelberg game approach to mixed H_2/H_∞ robust control for singular bilinear systems[C]. Interna tional Conference on Industry, Information System and Material Engineering,Guangzhou,2011: 1839-1847.

[45] Junger M,Trelat E,Abou-Kandil H. A stackelberg game approach to mixed H_2/H_∞ control [C]. Proceeding of the 17th World 280 Congress,The International Federation of Automatic Control,2008,3940-3945.

[46] Xu J,Zhang H, Chai T. Necessary and suffificient condition for two-player Stackelberg strategy[J]. IEEE Transactions on Automatic Control,2015,60(5): 1356-1361.

[47] Simaan M,Cruz J B Jr. On the Stackelberg strategy in nonzerosum games[J]. Journal of Optimization Theory and Applications,1973,11(5): 533-555.

[48] Medanic J. Closed-loop Stackelberg strategies in linear-quadratic problems [J]. IEEE Transactions on Automatic Control,1978,23(4): 632-637.

[49] Bagchi A,Basar T. Stackelberg strategies in linear-quadratic stochastic differential games [J]. Journal of Optimization Theory and Applications,1981,35(3): 433-464.

[50] Freiling G,Jank G,Lee S R. Existence and uniqueness of open-loop Stackelberg equilibria in linear-quadratic differential games[J]. Journal of Optimization Theory and Applications, 2001,110(3): 515-544.

[51] Mukaidani H,Tanabata R,Matsumoto C. Dynamic game approach of H_2/H_∞ control for stochastic discrete-time systems[J]. IEICE Transactions on Fundamentals of Electronics, Communications and Computer Sciences,2014,E97-A(11): 2200-2211.

[52] Mukaidani H. Stackelberg strategy for discrete-time stochastic system and its application to H_2/H_∞ control[C]. In Proceeding of the American Control Conference, Oregon, 2014: 4488-4493.

[53] Smith O J. A controller to overcome dead time[J]. ISA Journal,1959,6(2): 28-33.

[54] Chyung D H,Lee E B. Linear optimal systems with time delays[J]. SIAM Journal on Control,1966,4(3): 548-575.

[55] Ross D W，Flugge-Lotz I. An optimal control problem for systems with differential-difference equation dynamics[J]. SIAM Journal on Control,1969,7(4)：609-623.

[56] Lewies F L. Optimal Control[M]. New York：John Wiley and Sons,1986.

[57] Anderson B D O,Moore J B. Optimal fifiltering[M]. Englewood Cliffs：Prentice-Hall,1979.

[58] Bolzern P,Colaneri P,Nicolao G D. On discrete-time H_∞ fifixed-lag smoothing[J]. IEEE Transactions on Signal Proceeding,2004,52(1)：132-141.

[59] Chyung D H. Discrete optimal systems with time delay[J]. IEEE Transactions on Automatic Control,1968,13(1)：117.

[60] Chyung D H. Discrete systems with delays in control[J]. IEEE Transactions on Automatic Control,1969,14(2)：196-197.

[61] Eller D H,Aggarwal J K,Banks H T. Optimal control of linear time-delay systems[J]. IEEE Transactions on Automatic Control,1969,AC-14(6)：678-687.

[62] Chyung D H,Lee E B. Delayed action control problems [J]. Automatica,1970,6(3)：395-400.

[63] Alekal Y,Brunovsky P,Chyung D H,et al. The quadratic problem for systems with time delays[J]. IEEE Transactions on Automatic Control,1971,16(6)：673-687.

[64] Arthur W B. Control of linear processes with distributed lags using dynamic programming from fifirst principles[J]. Journal of Optimization Theory and Applications,1977,23(3)：429-443.

[65] Vinter R B,Kwong R H. The infifinite time quadratic control problem for linear systems with state and control delays：An evolution equation approach[J]. SIAM Journal on Control and Optimization,1981,19(1)：139-153.

[66] Delfour M C. Linear optimal control of systems with state and control variable delays[J]. Automatica,1984,20(1)：69-77.

[67] Tadmor G,Mirkin L. H_∞ control and estimation with preview—Part I：Matrix ARE solutions in continuous time[J]. IEEE Transactions on Automatic Control,2005,50(1)：19-28.

[68] Tadmor G,Mirkin L. H_∞ control and estimation with preview — Part II：Fixed-size ARE solutions in discrete time[J]. IEEE Transactions on Automatic Control,2005,50(1)：29-40.

[69] Kim J H. Mixed H_2/H_∞ control of time-varying delay systems[C]. Proceedings of the 39th SICE Annual Conference,Iizuka,Japan,2000：113-118.

[70] Mao W,Deng F,Wan A. Robust mixed H_2/H_∞ fifiltering for uncertain sochastic systems with interval time-varying delays[C]. Proceeding of the 31st Chinese Control Conference,Hefei,2012：1676-1683.

[71] Xu J,Zhang H. Suffificient and necessary open-loop Stackelberg strategy for two-player game with time delay[J]. IEEE Transactions on Cybernetics,2016,46(2)：438-449.

[72] Kojima A,Ishijima S. Formulas on preview and delayed H_∞ control[J]. IEEE Transactions on Automatic Control,2006,51(12)：1920-1937.

[73] Zhang H,Li L,Xu J,et al. Linear quadratic regulation and stabilization of discrete-time systems with delay and multiplicative noise[J]. IEEE Transactions on Automatic Control,2015,60(10)：2599-2613.

[74] Kim J H. Robust mixed H_2/H_∞ control of time-varying delay systems[J]. International

Journal of Systems Science,2001,32(11): 1345-1351.

[75] Trentelman H L. Control theory for linear systems[D]. Research Institute of Mathematics and Computer Science,University of Groningen,2002.

[76] Phillis Y A. Controller design of systems with multiplicative noise[J]. IEEE Transactions on Automatic Control,1985,30(10): 1017-1019.

[77] Arnold L. Stochastic differential equations: Theory and applications[M]. New York: Wiley, 1974.

[78] Wang G,Wu Z. The maximum principles for stochastic recursive optimal control problems under partial information[J]. IEEE Transactions on Automatic Control, 2009, 54 (6): 1230-1242.

[79] Blot J. An infinite-horizon stochastic discrete-time pontryagin principle [J]. Nonlinear Analysis: Theory Methods and Applications,2009,71(12): E999-E1004.

[80] Rami M,Moore J,Zhou X. Indefifinite stochastic linear quadratic control and generalized differential Riccati equation[J]. SIAM Journal on Control and Optimization,2002,40(4): 1296-1311.

[81] Rami M,Chen X, Zhou X. Discrete-time indefifinite LQ control with state and control dependent noises[J]. Journal of Global Optimization,2002,23(3): 245-265.

[82] Zhang W,Zhang H, Chen B. Generalized Lyapunov equation approach to state-dependent stochastic stabilization/detectability criterion[J]. IEEE Transactions on Automatic Control, 2008,53(7): 1630-1642.

[83] Freiling G,Jank G. Generalized Riccati difference and differential equations [C]. 4th Conference of the International-Linear-Algebra-Society,1996,243: 291-303.

[84] Bismut J M. Linear quadratic optimal stochastic control with random coeffificient[J]. SIAM Journal on Control and Optimization,1976,14(3): 419-444.

[85] Peng S G. A general stochastic maximum principle for optimal control problem[J]. SIAM Journal on Control and Optimization,1990,28(4): 966-979.

[86] Pan Y,Jiang H. Asymptotic properties for quadratic functionals of linear self-repelling diffusion process and applications[J]. Stochastic Analysis and Applications, 2022, 40 (4): 691-713.

[87] Peng S G,Yang Z. Anticipated backward stochastic differential equations[J]. Annals of Probability,2009,37(3): 877-902.

[88] Chen L,Wu Z. Maximum principle for the stochastic optimal control problem with delay and application[J]. Automatica,2010,46: 1074-1080.

[89] Shi J. Relationship between maximum principle and dynamic programming for stochastic control systems with delay[C]. Proceeding of 2011 8th Asian Control Conference, 2011, 1210-1215.

[90] Gershon E,Limebeer D J N,Shaked U,et al. Robust H_∞ fifiltering of stationary continuous-time linear systems with stochastic uncertainties [J]. IEEE Transactions on Automatic Control,2001,46(11): 1788-1793.

[91] Xu J,Wang W,Zhang H. Game theory approach to optimal control problem with multi-channel control[J]. International Journal of Control Automation and Systems,13(1): 58-64, 2015.

[92] Basar T,Olsder G J. Dynamic noncooperative game theory[M]. New York：Society for Industrial and Applied Mathematics,Academic Press,1999.

[93] Kojima A,Ishijima S. Formulas on preview and delayed H_∞ control[J]. IEEE Transactions on Automatic Control,2006,51(12)：1920-1937.

[94] Etsujiro S,Ishida T. Open-loop Stackelberg strategies in a linear quadratic differential game with time delay[J]. International Journal of Control,1987,45(5)：1847-1855.

[95] Zhang H,Duan G,Li L. Linear quadratic regulation for linear time varying systems with multiple input delays[J]. Automatica,2006,42(9)：1465-1476.

[96] Tadmor G. Worst case design in the time domain：The maximum principle and the standard H_∞ problem[J]. Mathematics of Control,Signals,and Systems,1990,3(4)：301-324.

[97] Mariton M,Bertrd R. A homotopy algorithmfor solving coupled Riccati equations [J]. Optimal Control Applications and Method,1985,6：351-357.

[98] Mukaidani H,Xu H. Stackelberg strategies for stochastic systems with multiple followers [J]. Automatica,2015,53：53-59.

[99] Ahmed M,Mukaidani H,Shima T. H_∞-constrained incentive Stackelberg games for discrete-time stochastic systems with multiple followers [J]. IET Control Theory Appllications,2017,11 (15)：2475-2485.

[100] Zhang H,Wang H X,Li L. Adapted and casual maximum principle and analytical solution to optimal control for stochastic multiplicative-noise systems with multiple input-delays [C]. 51st IEEE Conference on Decision and Control,Maui,2012,2122-2127.

[101] Naidu D S. Optimal control systems[D]. Idaho：Idaho State University,2003.

[102] Halder B,Hassibi B,Kailath T. Design of optimal mixed H_2/H_∞ static state feedback controllers [C]. Proceedings of the 1998 American Control Conference,1998,1-6：3239-3243.

[103] Xu J,Shi J,Zhang H. A leader-follower stochastic linear quadratic differential game with time delay[J]. Science China Information Sciences,2018,61(11)：112202.

[104] Lim A E B,Zhou X Y. Stochastic optimal LQR control with integral quadratic constraints and indefifinite control weights[J]. IEEE Transactions on Automatic Control,1999,44：359-369.

[105] Qi Q,Zhang H,Wu Z. Stabilization control for linear continuoustime mean-fifield systems [J]. IEEE Transactions on Automatic Control,doi：10. 1109/TAC. 2018. 2881141.

[106] Qi Q,Zhang H. Time-inconsistent stochastic linear quadratic control for discrete-time systems[J]. Science China Information Sciences,2017,60(12)：120204:1-120204:13.

[107] Ju P,Zhang H. Achievable delay margin using LTI control for plants with unstable complex poles[J]. Science China Information Sciences,2018,61(9)：092203:1-092203:8.

[108] Chen H F. Unified controls applicable to general case under quadratic index[J]. Acta Mathematicae Applicatae Sinica,1982,5(1)：45-52.

[109] Chen S P,Li X J,Zhou X Y. Stochastic linear quadratic regulators with indefifinite control weight costs[J]. SIAM Journal on Control and Optimization,1998,36(5)：1685-1702.

[110] Zhang H,Xu J. Optimal control with irregular performance[J]. Science China Information Sciences,doi：10. 1007/s11432-018-9685-8.

[111] Hassibi B,Sayed A H,Kailath T. Indefifinite quadratic estimation and control：A unified

approach to H_2 and H_∞ theories[M]. Philadelphia: Society for Industrial and Applied Mathematics,1999.

[112] Li X,Wang W,Xu J,et al. Solution to mixed H_2/H_∞ control for discrete-time systems with (x; u; v)-dependent noise[J]. International Journal of Control, Automation, and Systems,2019,17(2): 273-285.

[113] Li X,Xu J,Zhang H. Standard solution to mixed H_2/H_∞ control with regular Riccati equation[J]. IET Control Theory and Applications,2012,14(20): 3643-3651.